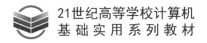

21世纪高等学校计算机
基础实用系列教材

C语言程序设计教程学习指导
（第2版）

◎ 李含光 郑关胜 潘锦基 编著

清华大学出版社
北京

内 容 提 要

本书是与《C语言程序设计教程(第3版)》配套使用的参考书,内容包括5个部分:《C语言程序设计教程(第3版)》的习题参考答案和习题解析、实验指导、补充习题(程序填空题、程序改错题和编程题)和模拟试卷、等级考试指导及在线测评系统简介。

本书内容丰富、实用性强、取材和难度适中,既包括C语言程序设计的基本知识题型,又扩展了一些基本算法,可作为C语言程序设计课程的辅助教学参考书。本书适合作为高等学校计算机专业程序设计基础课程的参考与练习用书,也可作为其他专业参加C语言等级考试的复习和练习用书。

本书封面贴有清华大学出版社防伪标签,无标签者不得销售。
版权所有,侵权必究。举报:010-62782989,beiqinquan@tup.tsinghua.edu.cn。

图书在版编目(CIP)数据

C语言程序设计教程学习指导/李含光,郑关胜,潘锦基编著.—2版.—北京:清华大学出版社,2022.4(2024.8重印)
21世纪高等学校计算机基础实用系列教材
ISBN 978-7-302-60125-8

Ⅰ.①C… Ⅱ.①李… ②郑… ③潘… Ⅲ.①C语言-程序设计-高等学校-教学参考资料 Ⅳ.①TP312.8

中国版本图书馆CIP数据核字(2022)第021046号

责任编辑:闫红梅 薛 阳
封面设计:刘 键
责任校对:徐俊伟
责任印制:杨 艳

出版发行:清华大学出版社
   网 址:https://www.tup.com.cn,https://www.wqxuetang.com
   地 址:北京清华大学学研大厦A座 邮 编:100084
   社 总 机:010-83470000 邮 购:010-62786544
   投稿与读者服务:010-62776969,c-service@tup.tsinghua.edu.cn
   质 量 反 馈:010-62772015,zhiliang@tup.tsinghua.edu.cn
   课 件 下 载:https://www.tup.com.cn,010-83470236
印 装 者:小森印刷霸州有限公司
经 销:全国新华书店
开 本:185mm×260mm 印 张:16.75 字 数:420千字
版 次:2018年6月第1版 2022年4月第2版 印 次:2024年8月第6次印刷
印 数:8501~10500
定 价:49.00元

产品编号:094809-01

出 版 说 明

随着我国改革开放的进一步深化,高等教育也得到了快速发展,各地高校紧密结合地方经济建设发展需要,科学运用市场调节机制,加大了使用信息科学等现代科学技术提升、改造传统学科专业的投入力度,通过教育改革合理调整和配置了教育资源,优化了传统学科专业,积极为地方经济建设输送人才,为我国经济社会的快速、健康和可持续发展以及高等教育自身的改革发展做出了巨大贡献。但是,高等教育质量还需要进一步提高以适应经济社会发展的需要,不少高校的专业设置和结构不尽合理,教师队伍整体素质亟待提高,人才培养模式、教学内容和方法需要进一步转变,学生的实践能力和创新精神亟待加强。

教育部一直十分重视高等教育质量工作。2007 年 1 月,教育部下发了《关于实施高等学校本科教学质量与教学改革工程的意见》,计划实施"高等学校本科教学质量与教学改革工程(简称'质量工程')",通过专业结构调整、课程教材建设、实践教学改革、教学团队建设等多项内容,进一步深化高等学校教学改革,提高人才培养的能力和水平,更好地满足经济社会发展对高素质人才的需要。在贯彻和落实教育部"质量工程"的过程中,各地高校发挥师资力量强、办学经验丰富、教学资源充裕等优势,对其特色专业及特色课程(群)加以规划、整理和总结,更新教学内容、改革课程体系,建设了一大批内容新、体系新、方法新、手段新的特色课程。在此基础上,经教育部相关教学指导委员会专家的指导和建议,清华大学出版社在多个领域精选各高校的特色课程,分别规划出版系列教材,以配合"质量工程"的实施,满足各高校教学质量和教学改革的需要。

本系列教材立足于计算机专业课程领域,以专业基础课为主、专业课为辅,横向满足高校多层次教学的需要。在规划过程中体现了如下一些基本原则和特点。

(1) 反映计算机学科的最新发展,总结近年来计算机专业教学的最新成果。内容先进,充分吸收国外先进成果和理念。

(2) 反映教学需要,促进教学发展。教材要适应多样化的教学需要,正确把握教学内容和课程体系的改革方向,融合先进的教学思想、方法和手段,体现科学性、先进性和系统性,强调对学生实践能力的培养,为学生知识、能力、素质协调发展创造条件。

(3) 实施精品战略,突出重点,保证质量。规划教材把重点放在公共基础课和专业基础课的教材建设上;特别注意选择并安排一部分原来基础比较好的优秀教材或讲义修订再版,逐步形成精品教材;提倡并鼓励编写体现教学质量和教学改革成果的教材。

(4) 主张一纲多本,合理配套。专业基础课和专业课教材配套,同一门课程有针对不同层次、面向不同应用的多本具有各自内容特点的教材。处理好教材统一性与多样化,基本教材与辅助教材、教学参考书,文字教材与软件教材的关系,实现教材系列资源配套。

(5) 依靠专家,择优选用。在制定教材规划时要依靠各课程专家在调查研究本课程教材建设现状的基础上提出规划选题。在落实主编人选时,要引入竞争机制,通过申报、评审确定主题。书稿完成后要认真实行审稿程序,确保出书质量。

繁荣教材出版事业,提高教材质量的关键是教师。建立一支高水平教材编写梯队才能保证教材的编写质量和建设力度,希望有志于教材建设的教师能够加入到我们的编写队伍中来。

21世纪高等学校计算机专业实用规划教材

联系人:魏江江 weijj@tup.tsinghua.edu.cn

前 言

随着计算机技术的高速发展,计算机对社会的进步、人们的生活产生了巨大的影响,计算机基础教育的目的是要求学生具备利用计算机解决问题的基本技能,满足将来自己专业研究和应用的需求。作为程序设计的入门语言,很多高校都选择 C 语言作为教学内容,但对于大多数刚接触计算机编程的学生来讲,在学习 C 语言的过程中遇到不少困难。本书是一本针对 C 语言程序设计入门的参考书,将给学生提供良好的学习指导。

本书是与《C 语言程序设计教程(第 3 版)》配套使用的教学参考书,内容包括:《C 语言程序设计教程(第 3 版)》的习题参考答案和习题解析、实验指导、补充习题(程序填空题、程序改错题和编程题)和模拟试卷、等级考试指导和在线测评系统简介。

第 1 部分习题解析中不仅给出了《C 语言程序设计教程(第 3 版)》习题的答案,还给出了答案的解析。对于有的编程题目还给出了算法流程图,当然,编程题目的解答并非唯一,仅供读者参考和比较,以启发读者思路为目的。

第 2 部分实验指导,与教材内容匹配,给出了 10 个实验,每个实验有实验目的、实验内容、实验讨论,并给出了实验内容的解答。其中,每个实验的分析和讨论是实验的重点,要求学生完成实验内容后,通过自己的收获写出总结,只有在对各章节的 C 语言知识点融会贯通、举一反三的基础上才能完成,这部分对学生的帮助很大。

第 3 部分补充习题和模拟试卷,给出了三套模拟试卷(一套笔试试卷,一套机试的期中试卷和一套机试的期末试卷)。笔试试卷有单项选择题、基础知识填空题、程序阅读题、程序填空题、程序改错题以及编程题。机试模拟试卷是模拟全国计算机等级考试的题型(单项选择题、程序设计题、程序填空题和程序改错题)。为了让读者开阔视野,进一步提高编程能力,这部分还编写了补充习题(程序填空题、程序改错题和编程题),其中,程序填空题、程序改错题是根据等级考试的要求进行改编的,部分编程题还用了程序竞赛的一些基本算法。

第 4 部分是等级考试指导部分,主要对全国计算机等级考试(二级)和省市自主组织的计算机等级考试的题型进行归纳总结,并指出考试的注意事项,希望对参加等级考试的同学有所帮助。

第 5 部分在线测评系统简介是对程序设计竞赛中使用的测评系统的输入/输出进行重点介绍,指导初次使用在线测评系统的读者如何进行输入/输出,同时介绍了目前国内有名的在线测评系统。

本书的全部程序都在 VS 2019 的 C++、Dev C++ 以及 CodeBlocks 环境中调试通过,同时还讲述了在 Mac OS 中 C 语言程序的编程环境(VSCode)及其调试运行方法。由于篇幅和课时限制，本书不可能完全涵盖 C 语言程序设计的主要内容。限于编者水平，书中欠妥之处，恳请读者指正。

本书的出版得到南京信息工程大学教务处教材基金的大力支持，同时得到清华大学出版社的帮助和支持，在此表示深深的感谢！

编　者

2021 年 7 月

目 录

第 1 部分　习题解析 ·· 1
　1.1　习题 1 ··· 1
　1.2　习题 2 ··· 2
　1.3　习题 3 ··· 6
　1.4　习题 4 ··· 29
　1.5　习题 5 ··· 45
　1.6　习题 6 ··· 62
　1.7　习题 7 ··· 79
　1.8　习题 8 ··· 84
　1.9　习题 9 ··· 96

第 2 部分　实验指导 ·· 106
　2.1　C 语言开发环境使用 ·· 106
　　2.1.1　VS 2019 的 C++环境下编辑运行 C 语言程序 ·· 106
　　2.1.2　Dev C++环境下编辑运行 C 语言程序 ·· 111
　　2.1.3　CodeBlocks 环境下编辑运行 C 语言程序 ···································· 114
　　2.1.4　Mac OS 操作系统下 Visual Studio Code 编辑运行 C 语言程序 ······ 117
　2.2　数据类型、运算符和表达式 ··· 119
　2.3　格式化输入/输出函数的使用 ··· 121
　2.4　分支结构程序设计 ·· 126
　2.5　循环结构程序设计 ·· 128
　2.6　函数 ·· 131
　2.7　数组及其应用 ··· 135
　2.8　指针及其应用 ··· 138
　2.9　结构体及其应用 ··· 142
　2.10　文件 ·· 148

第 3 部分　补充习题和模拟试卷 ··· 153
　3.1　补充习题 ··· 153
　　3.1.1　程序填空题 ··· 153

		3.1.2 程序改错题 ··· 169
		3.1.3 编程题 ··· 186
	3.2	模拟试卷 ·· 200
		3.2.1 笔试模拟试卷 ··· 200
		3.2.2 期中机试模拟试卷 ·· 212
		3.2.3 期末机试模拟试卷 ·· 224

第 4 部分　等级考试 ·· 238

 4.1 C 语言全国计算机等级考试 ··· 238

 4.2 省市自主等级考试 ·· 241

第 5 部分　在线测评系统简介 ··· 247

 5.1 Online Judge 系统简介 ·· 247

 5.2 系统常见提示信息 ·· 247

 5.3 系统使用方法简介 ·· 248

 5.4 提交代码中的基本问题 ·· 248

 5.5 本地调试技巧 ·· 250

 5.6 国内外典型系统介绍 ··· 255

参考文献 ·· 259

第1部分 习题解析

1.1 习题 1

1. 单项选择题

(1) 一个 C 程序的执行是从(   )。

    A. 本程序的 main()函数开始,到 main()函数结束

    B. 本程序文件的第一个函数开始,到本程序文件的最后一个函数结束

    C. 本程序的 main()函数开始,到本程序文件的最后一个函数结束

    D. 本程序文件的第一个函数开始,到本程序 main()函数结束

答案:A

解析:C 语言程序是由函数组成的,有且只有一个 main()函数,其执行是从 main()函数开始,到 main()函数结束。

(2) 以下叙述正确的是(   )。

    A. 在 C 程序中,main()函数必须位于程序的最前面

    B. 程序的每行中只能写一条语句

    C. C 语言本身没有输入/输出语句

    D. 在对一个 C 程序进行编译的过程中,可发现注释中的拼写错误

答案:C

解析:C 语言程序是由函数组成的,main()函数的位置是任意的,其输入/输出也是由函数完成的。程序语句可以占一行,也可以一行包含多个语句,只要用分号隔开就可以。注释语句只是起解释和说明作用,并不能发现其中的拼写错误。

(3) 以下叙述不正确的是(   )。

    A. 一个 C 源程序可由一个或多个函数组成

    B. 一个 C 源程序必须包含一个 main()函数

    C. C 程序的基本组成单位是函数

    D. 在 C 程序中,注释说明只能位于一条语句的后面

答案:D

解析:注释语句可以单独占一行,也可以位于一条语句的后面。

(4) C 语言规定:在一个源程序中,main()的位置(   )。

    A. 必须在最开始   B. 必须在系统调用的库函数后面

    C. 可以任意   D. 必须在最后

答案:C

解析：C语言程序是由函数组成的，main()函数的位置是任意的。

(5) 一个C语言程序由(　　)。

　　A. 一个主程序和若干子程序组成　　　　B. 函数组成

　　C. 若干过程组成　　　　　　　　　　　D. 若干子程序组成

答案：B

解析：C语言程序是由函数组成的，因此C语言也称为函数语言。

2. 填空题

(1) C源程序的基本单位是＿＿＿＿＿＿＿。

答案：函数

解析：C语言程序是由函数组成的，其基本单位就是函数。

(2) 一个C源程序中至少包括一个＿＿＿＿＿＿＿。

答案：主函数或main()函数

解析：C语言程序是由函数组成的，一个C语言程序至少包含一个main()函数。

(3) 在C语言中，格式化输入操作是由库函数＿＿＿＿＿＿＿完成的，格式化输出操作是由库函数＿＿＿＿＿＿＿完成的。

答案：scanf()、printf()

解析：C语言程序是由函数组成的，其输入/输出也是由函数完成的，格式化输入是由函数 scanf()完成，而格式化输出是由函数 printf()完成。

1.2　习　题　2

1. 单项选择题

(1) C语言中的标识符只能由字母、数字和下画线三种字符组成，且第一个字符(　　)。

　　A. 必须为字母

　　B. 必须为下画线

　　C. 必须为字母或下画线

　　D. 可以是字母、数字和下画线中的任意一种

答案：C

解析：C语言标识符的命名规则：只能由字母、数字、下画线组成，第一个字符不能为数字字符，不能是C语言的关键字。

(2) 下面四个选项中，均是不合法的用户标识符的选项是(　　)。

　　A. A　　　　p_o　　　　do　　　　　　B. float　　　lao　　　_A

　　C. b-a　　　goto　　　int　　　　　　 D. _123　　　temp　　　INT

答案：C

解析：根据C语言标识符的命名规则：只能由字母、数字、下画线组成，第一个字符不能为数字字符，不能是C语言的关键字。"-"不能组成C语言的标识符，goto和int都是C语言的关键字。

(3) 下面正确的字符常量是(　　)。

　　A. 'c"　　　　　　B. '\\"　　　　　　C. 'w'　　　　　　D. "

答案：C

解析：C语言的字符是指：一对单引号之间的一个普通字符或转义字符。

(4) 在C语言中，char型数据在内存中的存储形式是（　　）。

　　A. 补码　　　　B. 反码　　　　C. 原码　　　　D. ASCII码

答案：D

解析：字符型数据在计算机内存中占1字节(8个二进制位，且最高位为0)，转换后就是对应的ASCII值。

(5) 在C语言中，要求运算数必须是整型的运算符是（　　）。

　　A. /　　　　　B. ++　　　　　C. !=　　　　　D. %

答案：D

解析：C语言规定：取余运算符的运算对象必须为整数。

(6) 若x、i、j和k都是int型变量，则计算表达式 x=(i=4,j=16,k=32)后，x的值为（　　）。

　　A. 4　　　　　B. 16　　　　　C. 32　　　　　D. 52

答案：C

解析：括号里面是逗号表达式，根据逗号表达式的运算规则，其值为32，再将32赋给变量x。

(7) 假设所有变量均为整型，则表达式(a=2,b=5,b++,a+b)的值是（　　）。

　　A. 7　　　　　B. 8　　　　　C. 6　　　　　D. 2

答案：B

解析：逗号表达式，b++后b的值为6，所以a+b的值为8，即为该逗号表达式的值。

(8) 设变量a是整型，f是实型，i是双精度型，则表达式 10+'a'+i*f 值的数据类型为（　　）。

　　A. int　　　　B. float　　　　C. double　　　　D. 不确定

答案：C

解析：先将f转换为double，'a'转换为int类型(97)，然后计算i*f，得到double类型，再计算10+97，得到整型类型(107)，再将107转换为double类型和i*f相加，最后得到double类型的结果。

(9) 若有数学式 $\frac{3ae}{bc}$，则不正确的C语言表达式是（　　）。

　　A. a/b/c*e*3　　　　　　　　　B. 3*a*e/b/c

　　C. 3*a*e/b*c　　　　　　　　　D. a*e/c/b*3

答案：C

解析：3ae是分子上的式子，bc是分母上的式子，因此分母的式子必须在除号/的后面或用括号括起来。

(10) 表达式 18/4*sqrt(4.0)/8 值的数据类型为（　　）。

　　A. float　　　B. char　　　C. double　　　D. 不确定

答案：C

解析：先计算sqrt(4.0)得到double类型的结果2.0，18/4得到整数4，再将4转换为

double 类型的数据,和 2.0 相乘得到 double 类型的数据 8.0,再将整数 8 转换为 double 类型数据,相除得到 double 数据 1.0。

(11) 判断字符型变量 c1 是否为小写字母的正确表达式为( )。
    A. 'a'<=c1<='z'   B. (c1>=a)&&(c1<=z)
    C. ('a'>=c1)||('z'<=c1)   D. (c1>='a')&&(c1<='z')

答案:D

解析:小写字母的 ASCII 码值是从小到大排列的(a:97,z:122),因此变量 c1 的取值范围为 97≤c1≤122,写成 C 语言的表达式为(c1>='a')&&(c1<='z')。

(12) 设 int a=1,b=2,c=3,d=4,m=2,n=2;执行(m=a>b)&&(n=c>d)后 n 的值为( )。
    A. 1   B. 2   C. 3   D. 4

答案:B

解析:这是短路表达式,a>b 为假,则 m=0,由于是进行的"与"运算,这样 n=c>d 就不用执行了,整个表达式的值就是 0。

(13) 下列表达式中,不满足"当 x 的值为偶数时值为真,为奇数时值为假"的要求的是( )。
    A. x%2==0   B. !(x%2==0)
    C. (x/2*2-x)==0   D. !(x%2)

答案:B

解析:x%2==0 表示 x 为偶数,即满足偶数为真,奇数为假。取反即满足题意。

2. 填空题

(1) 在 C 语言中,不带任何修饰符的浮点常量,是按_____类型数据存储的。

答案:双精度(或 double)

解析:C 语言规定,不带任何修饰符的整数为 int 类型,浮点数为 double 类型。

(2) C 语言中的标识符只能由三种字符组成,它们是_____、_____和_____。

答案:字母、数字、下画线

解析:C 语言标识符的命名规则:只能由字母、数字、下画线组成,第一个字符不能为数字字符,不能是 C 语言的关键字。

(3) 若 s 是 int 型变量,s=6;则表达式 s%2+(s+1)%2 的值为_____。

答案:1

解析:s%2 的结果是 0,而(s+1)%2 的结果是 1,因此整个表达式的值为 1。

(4) 若 a 是 int 型变量,则表达式(a=4*5,a*2),a+6 的值为_____。

答案:26

解析:这是一个逗号表达式,其中的一个运算对象又为逗号表达式。先计算括号内的逗号表达式,a 的值为 20,括号内的表达式的值为 40,而 a+6 相当于 20+6,即 26,因此整个表达式的值为 26。

(5) 若 a、b 和 c 均是 int 型变量,则计算表达式 a=(b=4)+(c=2)后,a 值为_____,b 值为_____,c 值为_____。

答案:6、4、2

解析：求赋值表达式的值,赋值表达式 b=4 的值为 4,c=2 的值为 2,因此 a 的值为 6。

(6) 若 x 和 n 均是 int 型变量,且 x 和 n 的初值均为 5,则计算表达式 x+=n++后 x 的值为_____,n 的值为_____。

答案：10、6

解析：这是复合赋值,相当于 x=x+(n++),因此 x=5+5,而 n 自加后为 6。

(7) 若定义：int a=2,b=3;float x=3.5,y=2.5;则表达式(float)(a+b)/2+(int)x%(int)y 的值为_____。

答案：3.500000

解析：求混合数据类型的表达式的值,(float)(a+b)/2 为 5.0/2,即 2.5。(int)x%(int)y 相当于 3%2,即为 1;因此整个表达式的值为 3.500000。

(8) 假设所有变量均为整型,则表达式(a=2,b=5,a++,b++,a+b)的值为_____。

答案：9

解析：求逗号表达式的值,a++后 a 为 3,b++后 b 为 6,因此整个表达式的值为 9。

(9) 若定义：int e=1,f=4,g=2;float m=10.5,n=4.0,k;则计算赋值表达式 k=(e+f)/g+sqrt((double)n)*1.2/g+m 后 k 的值是_____。

答案：13.700000

解析：先计算括号内的式子,(e+f)为 5,(double)n 为双精度的 4.0,将各变量的值代入整个表达式得到 5/2+sqrt(4.0)*1.2/2+10.5,即 2+2.0*1.2/2.0+10.5=2.0+1.2+10.5=13.700000。

(10) 表达式 8/4*(int)2.5/(int)(1.25*(3.7+2.3))值的数据类型为_____。

答案：整型(或 int)

解析：先将 2.5 转换为整型数,再将(1.25*(3.7+2.3))的结果转换为整型数,这样参与运算的所有运算对象皆为整型数,因此最后的结果也为整型。

(11) 假设 m 是一个三位数,从左到右用 a、b、c 表示各位数字,则从左到右各个数字是 bac 的三位数的表达式是_____。

答案：((m/10)%10)*100+(m/100)*10+m%10

解析：分别取出 m 的个位、十位和百位上的数字,再进行相应的乘积和加法运算。

(12) 已知 A=7.5,B=2,C=3.6,表达式 A>B && C>A || A<B && !C>B 的值是_____。

答案：0

解析：根据运算符的优先顺序,先计算!C 得 0,再计算关系表达式的值,A>B 的值是 1,再计算 C>A 的值为 0,因此 A>B && C>A 的值为 0,A<B 的值为 0,!C>B 的值为 0,所以整个表达式的值为 0。

(13) 若有 x=1,y=2,z=3,则表达式(x<y?x:y)==z++的值为_____。

答案：0

解析：计算(x<y?x:y)的值为 1,z++的值为 3,两边不相同,则整个表达式的值为 0。

(14) 执行以下程序段后,a=_____,b=_____,c=_____。

```
int x=10,y=9;
int a,b,c;
```

```
a = (x--==y++) ? x-- : y++;
b = x++;
c = y;
```

答案：10、9、11

解析：先计算 x--==y++ 中运算对象的值，x-- 的值为 10，x 的值为 9，y++ 的值为 9，y 的值为 10，因此 x--==y++ 为 0，则 a 的值为 y++ 即为 10，而 y 的值为 11，由此可知，c 的值为 11，b 的值为 x++ 即为 9，而 x 的值为 10。

(15) 设 x、y、z 均为 int 型变量；写出描述"x、y 和 z 中至少有两个为负数"的 C 语言表达式：_____。

答案：(x<0&&y<0)||(x<0&&z<0)||(y<0&&z<0)

解析：题目要求 x、y、z 中至少两个为负数，当然也可三个均为负数，因此只要任意两个为负就可以满足要求。

(16) 设有以下变量定义，并已赋确定的值，char w; int x; float y; double z; 则表达式 w * x + z - y 所求得的数据类型为_____。

答案：双精度(或 double)

解析：先将 w 转换为整型数据，与 x 相乘的结果是整型，然后将乘积转换为 double，并且将 y 也转换为 double，这样所有的运算对象都是 double 类型了，因此最后结果的数据类型就是 double。

(17) 若 x 为 int 类型，请以最简单的形式写出与逻辑表达式 !x 等价的 C 语言关系表达式_____。

答案：x==0

解析：当 x 的值为 0 时，!x 为 1，而当 x 的值不为 0 时，!x 的值为 0，因此关系表达式 x==0 正好符合要求。

(18) 与数学表达式 $\dfrac{\sqrt{|a-b|}}{3(a+b)}$ 等价的 C 语言表达式是_____。

答案：sqrt(fabs(a-b))/(3*(a+b))

解析：将数学表达式转换为 C 语言表达式时，运算符号要用 C 语言的数学运算符号以及相应的函数，sqrt() 是求平方根的函数，fabs() 是求浮点数的绝对值函数，3(a+b) 作为分母要用括号括起来。

(19) 与数学表达式 $\sqrt{\dfrac{x^2+y^2}{a+b}}$ 等价的 C 语言表达式是_____。

答案：sqrt((x*x+y*y)/(a+b))

解析：将数学表达式转换为 C 语言表达式时，运算符号要用 C 语言的数学运算符号以及相应的函数，sqrt() 是求平方根的函数，x 的平方一般直接表示成 x*x，如果是 x^n，当 n 比较大时，可用函数 pow(x,n)。

1.3 习 题 3

1. 单项选择题

(1) 已知有如下定义和输入语句，若要求 a1、a2、c1、c2 的值分别为 10、20、A 和 B，当从第一列开始输入数据时,正确的数据输入方式是(　　)。

```
int a1,a2; char c1,c2;
scanf("%d%c%d%c",&a1,&c1,&a2,&c2);
```

　A. 10□A20B↙　　　　　　　　　　B. 10□A□20□B↙
　C. 10A20B　　　　　　　　　　　　D. 10A20□B↙

答案：C

解析：如果在输入数据时,格式中没有指定分隔符,可以用 C 的默认分隔符(空格、回车、制表符)或数据格式的宽度来提取数据。题目中要求第一个是整型数据,第二个是字符型数据,第三个是整型数据,第四个是字符型数据,且输入的格式字符串中没有指定分隔符,因此必须用 C 语言的默认分隔符或格式中数据类型以及宽度要求来提取数据(%d 要求整数,%c 要求一个字符),所以从左到右扫描时,由于 10 后面一个不是数字,因此将整数 10 赋给了 a1,紧接着将整数 10 后面的一个字符赋给 c1,同理将 20 赋给 a2,将 B 赋给 c2。

(2) 执行下列程序片段时输出的结果是(　　)。

```
int x = 13,y = 5;
printf("%d",x%=(y/=2));
```

　A. 3　　　　　　　　　　　　　　　B. 2
　C. 1　　　　　　　　　　　　　　　D. 0

答案：C

解析：这是一个复合赋值表达式,y/=2 相当于 y=y/2,则 y 的值为 2,然后计算 x%=2,即 x=x%2,所以 x 的值为 1。

(3) 若定义 x 为 double 型变量,则能正确输入 x 值的语句是(　　)。

　A. scanf("%f",x);　　　　　　　　B. scanf("%f",&x);
　C. scanf("%lf",&x);　　　　　　　D. scanf("%5.1f",&x);

答案：C

解析：x 为双精度变量,数据格式说明要求%lf,特别要注意,用 scanf()函数输入浮点数时,不能指定小数位数。

(4) 有输入语句"scanf("a=%d,b=%d,c=%d",&a,&b,&c);",为使变量 a 的值为 1,b 的值为 3,c 的值为 2,则正确的数据输入方式是(　　)。

　A. 132↙　　　　　　　　　　　　　B. 1,3,2↙
　C. a=1 b=3 c=2↙　　　　　　　　　D. a=1,b=3,c=2↙

答案：D

解析：scanf()函数的格式字符串,如果是普通字符,必须按原样输入。

(5) 逻辑运算符两侧运算对象的数据类型(　　)。

　A. 只能是 0 或 1　　　　　　　　　　B. 只能是 0 或非 0 正数
　C. 只能是整型或字符型数据　　　　　D. 可以是任何类型的数据

答案：D

解析：逻辑运算符两侧的运算对象可以是常量、变量、表达式,运算对象的值如果是非 0,表示条件为真,如果是 0,表示条件为假。因此运算对象的值可以是任何数据类型。

(6) 能正确表示"当x的取值在[1,10]和[200,210]内为真,否则为假"的表达式是(   )。

  A．（x>=1）&&（x<=10）&&（x>=200）&&（x<=210）

  B．（x>=1）||（x<=10）||（x>=200）||（x<=210）

  C．（x>=1）&&（x<=10）||（x>=200）&&（x<=210）

  D．（x>=1）||（x<=10）&&（x>=200）||（x<=210）

答案：C

解析：根据数学知识,x应该是在[1,10]或在[200,210],且都是闭区间,因此只有C选项满足题意。

(7) C语言对嵌套if语句的规定是：当缺省{}时,else总是与(   )。

  A．其之前最近的if配对

  B．第一个if配对

  C．缩进位置相同的if配对

  D．其之前最近的且尚未配对的if配对

答案：D

解析：根据C语言中嵌套的if语句中if和else的配对原则：当缺省{}时,else总是与其前面的、最近的、没有配对的if匹配。

(8) 设int a=1,b=2,c=3,d=4,m=2,n=2；执行(m=a>b)&&(n=c>d)后n的值为(   )。

  A．1   B．2   C．3   D．4

答案：B

解析：这是短路表达式。由于是与运算,因此只有当运算符两端都是非0时,整个表达式的值才为1,如果运算符左边表达式的值为0,则运算符右边表达式就不用计算了,整个表达式的结果肯定为0。由于a>b不成立,因此m=0,则右边n=c>d不用计算,所以n的值没有改变,仍然为2。

(9) 下述程序的输出结果是(   )。

```
#include<stdio.h>
#include<stdlib.h>
int main()
{
    int a=0,b=0,c=0;
    if(++a>0||++b>0)
        ++c;
    printf("%d,%d,%d",a,b,c);
    system("pause");
    return 0;
}
```

  A．0,0,0 B．1,1,1 C．1,0,1 D．0,1,1

答案：C

解析：这是短路表达式。由于是或运算,因此只要当运算符两端有一个表达式是非0时,整个表达式的值就是1,如果运算符左边表达式的值为非0,则运算符右边表达式就不用计算了。++a的值为1,++b>0就不用再计算了,因此b的值没有发生改变,仍然为0。++c

后 c 的值为 1,所以 a=1,b=0,c=1。

(10) 以下程序的输出结果是( )。

```
#include<stdio.h>
#include<stdlib.h>
int main()
{
    int x=1,y=0,a=0,b=0;
    switch(x)
    {
        case 1:switch(y)
            {
                case 0: a++; break;
                case 1: b++; break;
            }
        case 2:a++; b++; break;
        case 3:a++; b++;
    }
    printf("a=%d,b=%d",a,b);
    system("pause");
    return 0;
}
```

A. a=1,b=0　　　B. a=2,b=1　　　C. a=1,b=1　　　D. a=2,b=2

答案:B

解析:在 switch 语句中的 break 每次只能跳出本层的 switch,如果 case 后面的语句没有 break,则继续往下执行。x=1,执行 case 1 后面的 switch(y),y=0,从本层的 case 0 后面的语句开始执行,a++后 a 的值为 1,break 后跳出本层的 switch 结构,转到其后续语句 case 2 后面的语句执行,a++后 a=2,b++后 b=1,break 后跳出本层的 switch,转到后续语句 printf("a=%d,b=%d",a,b)输出 a=2,b=1。

(11) 有如下程序段:

```
int k=2;
while(k=0) {printf("%d",k);k--;}
```

则下面描述中正确的是( )。

A. while 循环执行 10 次　　　　　　B. 循环是无限循环

C. 循环体语句一次也不执行　　　　D. 循环体语句执行一次

答案:C

解析:while 后面括号里是赋值表达式 k=0,即表达式的值为 0,循环体没有被执行,则应选 C。

(12) 若运行以下程序时,输入 2473↙,则程序的运行结果是( )。

```
#include<stdio.h>
#include<stdlib.h>
int main()
{
    int c;
```

```
            while((c = getchar()) != '\n')
              switch(c - '2')
              {
                case 0:
                case 1: putchar(c + 4);
                case 2: putchar(c + 4); break;
                case 3: putchar(c + 3);
                default: putchar(c + 2); break;
              }
            printf("\n");
            system("pause");
            return 0;
        }
```

     A. 668977   B. 668966   C. 66778777   D. 6688766

答案：A

解析：每次从键盘上接收一个字符，遇到回车后结束循环。当输入字符 2(c='2')时，c—'2'为 0，从 case 0 进入，由于没有 break 语句继续往下执行，输出 c+4(即 6)，同样后面没有 break 语句，则继续进行，再输出 c+4(即 6)，遇到 break 语句，跳出 switch。从键盘上接收字符 4，c—'2'为 2，从 case 2 进入，输出 c+4(即 8)，遇到 break 语句，跳出 switch，一直循环到输入回车('\n')。

(13) 以下程序段的循环次数是(　　)。

```
for(i = 2; i == 0;)  printf("%d",i--);
```

     A. 无限次   B. 0 次   C. 1 次   D. 2 次

答案：B

解析：i 的初值为 2，条件表达式是判断 i 与 0 是否相等，因此表达式的值为 0(条件为假)，跳出循环。

(14) 下面程序的输出结果是(　　)。

```
#include <stdio.h>
#include <stdlib.h>
int main()
{
    int x = 9;
    for(; x > 0; x--)
    {
        if(x % 3 == 0)
        {
            printf("%d", --x);
            continue;
        }
    }
    system("pause");
    return 0;
}
```

     A. 741   B. 852   C. 963   D. 875421

答案：B

解析：从题目的输出可以得出,当 x 能被 3 整除后,输出--x。因此很容易得出 9～1 中能被 3 整除的数只能是 9、6、3,对应的输出为 8、5、2。

(15) 下面程序的输出结果是(　　)。

```
#include<stdio.h>
#include<stdlib.h>
int main()
{
    int k=0,m=0,i,j;
    for(i=0; i<2; i++)
    {
        for(j=0; j<3; j++)
            k++;
        k-=j;
    }
    m=i+j;
    printf("k=%d,m=%d",k,m);
    system("pause");
    return 0;
}
```

  A．k=0,m=3　　　B．k=0,m=5　　　C．k=1,m=3　　　D．k=1,m=5

答案：B

解析：外循环做一次,内循环做三次,三次内循环做完后 k=3,j=3,k-=j 后 k=0。即每次内循环后 k 的值都为 0,而外循环完成后 i=2,因此 m=5,k=0。

2. 填空题

(1) 一个表达式要构成一个 C 语句,必须_____。

答案：用;表示结束

解析：C 语言的语句结束,后面必须加";"号。

(2) 复合语句是用一对_____界定的语句块。

答案：{ }

解析：复合语句是在逻辑上由多条语句组成的,必须用一对{ }括起来。

(3) 写出数学式子 $y=\begin{cases}1, & x<0\\ 0, & x=0\\ -1, & x>0\end{cases}$ 的 C 语言表达式：_____。

答案：y=x<0?1:x==0?0:-1

解析：要求用表达式而不是用条件语句,因此采用条件运算符的嵌套来解决。

(4) 将条件"y 能被 4 整除但不能被 100 整除,或 y 能被 400 整除"写成逻辑表达式_____。

答案：y%4==0&&y%100!=0||y%400==0

解析：判断闰年的条件。

(5) C 语言的语法规定：缺省复合语句符号时,else 子句总是与_____的 if 相结合,与书写格式无关。

答案：上面的离它最近的未配对

解析：嵌套的 if else 语句的配对原则。

(6) switch 语句中,如果没有与该值相等的标号,并且存在 default 标号,则从_____开始执行,直到 switch 语句结束。

答案：default 标号

解析：就是指没有 case 后面的值与 switch 的表达式的值相等时,只能执行 default 标号后面的语句。

(7) C 语言三个循环语句分别是_____语句、_____语句和_____语句。

答案：while、do…while、for

解析：C 语言的循环语句包括 while、do…while、for 三种结构。

(8) 至少执行一次循环体的循环语句是_____。

答案：do…while

解析：do…while 循环是先执行后判断,不管条件是否满足,都要先执行一次循环体。

(9) continue 语句的作用是结束_____循环。

答案：本次

解析：continue 语句只能用在循环语句结构中,其功能是结束本次循环(continue 后面的语句不执行),开始下次循环。

(10) 用 break 语句可以使程序流程跳出 switch 语句体,也可以在循环结构内中止_____循环体。

答案：本层

解析：break 语句可以用在 switch 和循环语句中,其功能是结束本层循环或跳出本层的 switch 结构。

3. 程序阅读题

(1) 若运行时输入 100 ↙,以下程序的运行结果是_____。

```
# include < stdio. h>
# include < stdlib. h>
int main( )
{
    int a;
    scanf(" % d",&a);
    printf(" % s",(a % 2!= 0)? "No":"Yes");
    system("pause");
    return 0;
}
```

答案：Yes

解析：100 除以 2 的余数为 0,因此条件运算符中运算对象 1 的值为 0(条件为假),取值为 Yes。

(2) 以下程序的运行结果是_____。

```
# include < stdio. h>
# include < stdlib. h>
```

```
int main()
{
    int a = 2,b = 7,c = 5;
    switch(a > 0)
    {
        case 1: switch(b < 0)
                {
                    case 0: printf("@"); break;
                    case 1: printf("!"); break;
                }
        case 0: switch(c == 5)
                {
                    case 0: printf(" * "); break;
                    case 1: printf("♯"); break;
                    default: printf("♯"); break;
                }
        default: printf("&");
    }
    printf("\n");
    system("pause");
    return 0;
}
```

答案：@♯&。

解析：a=2,则 a>0 的值为 1,从 case 1 进入执行 switch(b<0),因 b=7,则 b<0 的值为 0,于是从 case 0 进入输出@,遇到 break 后跳出内层 switch 结构,到外层 swtich 的 case 0 处执行 switch(c==5),因 c=5,则 c==5 的值为 1,于是从 case 1 进入输出♯,遇到 break 后跳出内层 switch 结构到 default 处,输出 &。

（3）阅读下面程序,输入字母 A 时,其运行结果是_____。

```
#include<stdio.h>
#include<stdlib.h>
int main()
{
    char ch;
    ch = getchar();
    switch(ch)
    {
        case 65:printf(" %c",'A');
        case 66:printf(" %c",'B');
        default:printf(" %s\n","other");
    }
    system("pause");
    return 0;
}
```

答案：ABother

解析：字母 A 的 ASCII 码为 65,当输入 A 时,从 case 65 进入,输出 A,由于没有 break 语句,则继续执行下面语句,输出 B、other,直到 return 0；。

(4) 下面程序运行的结果是_____。

```c
#include<stdio.h>
#include<stdlib.h>
int main()
{
    int k=1,n=263;
    do { k*=n%10; n/=10; } while(n);
    printf("%d\n",k);
    system("pause");
    return 0;
}
```

答案：36

解析：对 263 进行数位分离,将各数位上的数字相乘,并输出这个乘积。

(5) 下面程序运行的结果是_____。

```c
#include<stdio.h>
#include<stdlib.h>
int main()
{
    int x,i;
    for(i=1; i<=100; i++)
    {
        x=i;
        if(++x%2==0)
            if(++x%3==0)
                if(++x%7==0)
                    printf("%d ",x);
    }
    system("pause");
    return 0;
}
```

答案：28 70

解析：本题如果按从上往下执行的思路,就比较烦琐。可以逆向思考：在 4～103 中,能被 7 整除的数有 7、14、21、28、35、42、49、56、63、70、77、84、91、98,这些数中减 1 能被 3 整除的有 7、28、49、70、91,只剩下 5 个数了,在这剩下的 5 个数中减 2 能被 2 整除的就只剩下 28 和 70 了。

(6) 下面程序运行的结果是_____。

```c
#include<stdio.h>
#include<stdlib.h>
int main()
{
    int i,b,k=0;
    for(i=1; i<=5; i++)
    {
        b=i%2;
        while(b--==0) k++;
```

```
    }
    printf("%d,%d",k,b);
    system("pause");
    return 0;
}
```

答案：2,0

解析：当 b=0(即 i 为偶数)时,k 才自加 1,1～5 中只有 2、4 两个偶数,因此 k=2,最后一次循环 i=5,则 b=1,b-- 后 b 的值为 0。

(7) 下面程序运行的结果是_____。

```
#include<stdio.h>
#include<stdlib.h>
int main()
{
    int a,b;
    for(a=1,b=1; a<=100; a++)
    {
        if(b>=20) break;
        if(b%3==1) { b+=3; continue; }
        b-=5;
    }
    printf("%d\n",a);
    system("pause");
    return 0;
}
```

答案：8

解析：当 b≥20 时,结束 for 循环,b<20 且 b%3 的余数为 1 时,b 的值增加 3 并执行 continue 语句,结束本次循环,执行 a++ 后开始下一次循环。若 b%3 的余数不为 1 时,则 b 的值减 5。可以通过下面列表观察 a,b 的值。

b	1	4	7	10	13	16	19	22
a	1	2	3	4	5	6	7	8

(8) 下面程序运行的结果是_____。

```
#include<stdio.h>
#include<stdlib.h>
int main()
{
    int i=5;
    do
    {
        switch(i%2)
        {
            case 0: i--; break;
            case 1: i--; continue;
        }
```

```
            i--; i--;
            printf("%d",i);
        }while(i>0);
        system("pause");
        return 0;
}
```

答案:1

解析:i=5,i%2 的余数为 1,执行 case 1 后面的语句,i--后,i=4,执行 continue 语句,结束本次循环,开始下一次循环。i%2 的余数为 0,执行 case 0 后面的语句,i--后 i=3,执行 break,跳出 switch 结构,执行 i--;i--;后 i=1,输出 i。因 i>0,继续循环,i%2 的余数为 1,执行 case 1 后面的语句,i--后,i=0,执行 continue 语句后,不满足继续执行循环的条件,结束整个循环。

(9) 下面程序运行的结果是_____。

```
#include<stdio.h>
#include<stdlib.h>
int main()
{
    int i,j;
    for(i=0;i<3;i++,i++)
    {
      for(j=4; j>=0; j--)
      {
         if((j+i)%2)
         {
            j--;
            printf("%d, ",j);
            continue;
         }
         --i;
         j--;
         printf("%d, ",j);
      }
    }
    system("pause");
    return 0;
}
```

答案:3,1,-1,3,1,-1

解析:j+i 为奇数时,执行 if 结构的语句序列,否则执行 if 语句的后续语句。i=0,j=4,i+j 是 4 为偶数,执行--i,j--后 i=-1,j=3,输出 j。j--后 j=2,执行内循环,j+i 是 1,执行 j--后 j=1,输出 j。执行 continue 语句,结束本次循环。j--后 j=0,j+i=-1,执行 if 语句体,j--后输出 j=-1,结束 j 循环,开始 i 的下一次循环。i++,i++后 i=1,j=4,重复上述过程直到 i≥3。

(10) 下面程序运行的结果是_____。

```
#include<stdio.h>
#include<stdlib.h>
int main()
```

```
{
    int a = 10, y = 0;
    do
    {
        a += 2;
        y += a;
        if(y > 50) break;
    } while(a == 14);
    printf("a = %d y = %d\n", a, y);
    system("pause");
    return 0;
}
```

答案：a=12,y=12

解析：循环结束的条件是 y>50 或者 a 不等于 14。循环开始时,执行 a+=2 后 a=12, y+=a 后 y=12,循环条件 a==14 为假,循环结束。输出 a 和 y。

(11) 下面程序运行的结果是_____。

```
#include<stdio.h>
#include<stdlib.h>
int main()
{
    int i, j, k = 19;
    while(i = k - 1)
    {
        k -= 3;
        if(k % 5 == 0)
        {
            i++;
            continue;
        }
        else if(k < 5) break;
        i++;
    }
    printf("i = %d, k = %d\n", i, k);
    system("pause");
    return 0;
}
```

答案：i=6,k=4

解析：由于 while 循环语句的表达式是赋值语句,因此只有当 k=1 时 i 的值才为 0。循环开始 k=19,i=18,执行循环体,k=16 不能被 5 整除,执行 i++,i=19,开始下一次循环,i=15,k=13,k 不能被 5 整除。i++ 后 i=16,开始下一次循环,i=12,k=10,k 能被 5 整除,i++ 后执行 continue,结束本次循环,开始下一次循环,i=12,k=7,不能被 5 整除,继续开始下一次循环,i=6,k=4 结束循环。

(12) 下面程序运行的结果是_____。

```
#include<stdio.h>
#include<stdlib.h>
int main()
{ int y = 2, a = 1;
```

```
        while(y-- != -1)
          do {
             a * = y;
             a++;
          } while(y--);
      printf("%d,%d\n",a,y);
       system("pause");
       return 0;
}
```

答案：1,−2

解析：y--的值为 2,y=1 进入内循环 do while,a*=y 后 a=1,a++后 a=2,内循环的条件 y--的值为 1,然后 y=0。再执行内循环,a=0,a++后 a=1。y--为 0,结束内循环,y=−1,外循环条件为假,y--后 y=−2。

4. 程序填空题

(1) 以下程序输出 x,y,z 三个数中的最小值。

```
#include <stdio.h>
#include <stdlib.h>
int main()
{
    int x = 4, y = 5, z = 8;
    int u, v;
    u = x < y ? _____ ;
    v = u < z ? _____ ;
    printf("%d",v);
    system("pause");
    return 0;
}
```

答案：x:y、u:z

解析：利用条件运算符先求出 x、y 的最小值并赋给 u,再求出 z 和 u 之间的最小值。

(2) 下面程序接受键盘上的输入,直到按↙键为止,这些字符被原样输出,但若有连续的一个以上的空格时只输出一个空格,请填空使程序完整。

```
#include <stdio.h>
#include <stdlib.h>
int main()
{
    char cx, front = '\0';
    while(_____ != '\n')
    {
        if(cx != ' ') putchar(cx);
        if(cx == ' ')
          if(_____)
            putchar(_____)
        front = cx;
    }
    system("pause");
```

```
        return 0;
    }
```

答案：cx=getchar()、cx!=front、cx

解析：从键盘上输入字符,直到按回车键,并删除多余的空格字符。因此第一空填 cx=getchar(),如果当前字符是空格,要判断前一个字符是否为空格,则第二空填 cx!=front,如果前一个字符不是空格,说明没有两个连续的空格,直接输出 cx。

(3) 以下程序的功能是:从键盘上输入若干个学生的成绩,统计并输出最高成绩和最低成绩,当输入负数时结束输入,请填空使程序完整。

```
#include<stdio.h>
#include<stdllib.h>
int main()
{
    double s;
    double gmax,gmin;
    scanf("%lf",&s);
    gmax = s;
    gmin = s;
    while(_____)
    {
        if(s > gmax)
            gmax = s;
        if(_____)
            gmin = s;
        scanf("%lf",&s);
    }
    printf("\ngmax = %lf\ngmin = %lf\n",gmax,gmin);
    system("pause");
    return 0;
}
```

答案：s>=0、s<gmin

解析：学生成绩一般都是非负数,当输入成绩为负时就结束输入,则第一空填 s>=0,第二空是判断是否为最小值,则应填 s<gmin。

(4) 下面程序的功能是输出 1～100 中每位数的乘积大于每位数的和的数,请填空使程序完整。

```
#include<stdio.h>
#include<stdlib.h>
int main()
{
    int n,k = 1,s = 0,m;
    for(n = 1; n <= 100; n++)
    {
        k = 1; s = 0;
        _____;
        while(_____)
        {
```

```
                k *= m % 10;
                s += m % 10;
                _____;
            }
            if(k > s) printf("%d",n);
        }
        system("pause");
        return 0;
    }
```

答案：m=n、m!=0、m=m/10

解析：因 n 为 for 语句的循环控制变量,而 while 语句中是对 m 进行除 10 求余,因此第一空应填 m=n,利用数位分离(除 10 取余再整除 10,直到该数为 0),因此第二空填 m 或 m!=0 或 m>0。第三空填 m=m/10 或 m/=10。

(5) 已知如下公式:

$$\frac{p}{2} = 1 + \frac{1}{3} + \frac{1}{3}\frac{2}{5} + \frac{1}{3}\frac{2}{5}\frac{3}{7} + \frac{1}{3}\frac{2}{5}\frac{3}{7}\frac{4}{9} + \cdots$$

下面程序的功能是根据上述公式输出满足精度要求的 eps 的 π 值,请填空使程序完整。

```
#include<stdio.h>
#include<stdlib.h>
int main()
{
    double s = 1.0, eps, t = 1.0;
    int n;
    scanf("%lf",&eps);
    for(n = 1; _____; n++)
    {
        t = _____;
        s += t;
    }
    _____;
    system("pause");
    return 0;
}
```

答案：t>=eps、t*n/(2*n+1)、printf("%lf\n",2*s)

解析：当满足精度要求时就停止循环,因此第一空填 t>=eps。从第二项开始前一项和后一项的关系是 $t_n = t_{n-1} \times \frac{n}{2n+1}$,则第二空应填 t*n/(2*n+1)。由于该数列之和为 $\frac{\pi}{2}$,且程序必须要有输出,则第三空应填 printf("%lf\n",2*s);。

(6) 下面程序段的功能是计算 1000! 的末尾有多少个零,请填空使程序完整。

```
#include<stdio.h>
#include<stdlib.h>
int main()
{
    int i,k,m;
```

```
        for(k = 0, i = 5; i <= 1000; i += 5)
        {
            m = i;
            while(_____)
            {
                k++;
                m = m/5;
            }
        }
        printf("%d\n", k);
        system("pause");
        return 0;
    }
```

答案：m%5==0

解析：在求阶乘中,只要有数字能被 5 整除,就会增加一个 0,因此应填 m%5==0。

(7) 下面程序按公式 $\sum\limits_{k=1}^{100}k + \sum\limits_{k=1}^{50}k^2 + \sum\limits_{k=1}^{10}\dfrac{1}{k}$ 求和并输出结果,请填空使程序完整。

```
#include <stdio.h>
#include <stdlib.h>
int main()
{
    _____;
    int k;
    for(k = 1; k <= 100; k++)
        s += k;
    for(k = 1; k <= 50; k++)
        s += k * k;
    for(k = 1; k <= 10; k++)
        s += _____;
    printf("sum = %lf\n", s);
    system("pause");
    return 0;
}
```

答案：double s=0.0、1.0/k

解析：由于有分数求和,而且后面的输出格式是%lf,因此第一空填 double s=0.0,第二空是求 $\dfrac{1}{k}$ 的和,则需要将分子或分母转换为小数,应填 1.0/k 或 1/(double)k。

5. 编程题

(1) 若函数：

$$y = \begin{cases} x & (x < 1) \\ 2x - 11 & (1 \leqslant x < 10) \\ 3x - 11 & (x \geqslant 10) \end{cases}$$

编写一程序,输入 x,输出 y 值。

解析：根据 x 值的范围求出相应表达式的值,由于 x 的取值范围相互之间没有包含关系,则可用 if…else if 语句来实现。

程序：

```c
#include<stdio.h>
#include<stdlib.h>
int main()
{
    double x,y;
    scanf("%lf",&x);
    if(x<1)
        y=x;
    else if(x>=1.0&&x<10)
        y=2*x-11;
    else
        y=3*x-11;
    printf("%lf\n",y);
    system("pause");
    return 0;
}
```

(2) 从键盘上输入 3 个整数,求最小的数。

解析：先将两个数 x、y 比较,并把较小的一个数赋给 min,然后 min 再与第三个数 z 比较,若 z 小于 min,则把 z 赋给 min,最后输出 min,即为最小数。

程序：

```c
#include<stdio.h>
#include<stdlib.h>
int main()
{
    double x,y,z,min;
    scanf("%lf%lf%lf",&x,&y,&z);
    if(x>y)
        min=y;
    else
        min=x;
    if(min>z)
        min=z;
    printf("min=%lf\n",min);
    system("pause");
    return 0;
}
```

(3) 输入年月日,判断是这年的第几天。

解析：除 2 月份外,其余每个月的天数都是固定不变的,因此要根据年份判断是否为闰年,若为闰年,则二月份为 29 天。利用多分支语句 switch 和循环语句来控制具体的月份,超过输入的月份就把前面每月应有的天数累加,再加上输入月份的天数即可。

程序：

```c
#include<stdio.h>
#include<stdlib.h>
int main()
```

```
{
    int y,m,d,flag,s = 0,i;
    scanf("%d%d%d",&y,&m,&d);
    flag = (y%4 == 0&&y%100!= 0||y%400 == 0);
    for(i = 1;i <= m;i++)
    {
        switch(i)
        {
            case 1:s = d;break;
            case 2:s = 31 + d;break;
            case 3:s = 59 + d;break;
            case 4:s = 90 + d;break;
            case 5:s = 120 + d;break;
            case 6:s = 151 + d;break;
            case 7:s = 181 + d;break;
            case 8:s = 212 + d;break;
            case 9:s = 243 + d;break;
            case 10:s = 273 + d;break;
            case 11:s = 304 + d;break;
            case 12:s = 334 + d;break;
        }
    }
    if(flag == 1&&m > 2)
        s = s + 1;
    printf("%d年%d月%d日是第%d天\n",y,m,d,s);
    system("pause");
    return 0;
}
```

(4) 企业发放的奖金根据利润提成：利润低于或等于 10 万元时，奖金可提 10%；利润高于 10 万元低于 20 万元时，低于 10 万元的部分按 10%提成，高于 10 万元的部分可提成 7.5%；20~40 万元时，高于 20 万元的部分可提成 5%；40~60 万元时，高于 40 万元的部分可提成 3%；60~100 万元时，高于 60 万元的部分可提成 1.5%；高于 100 万元时，超过 100 万元的部分按 1%提成。从键盘输入当月利润，求应发放奖金总数。

解析：因利润不同提成不同，而且这些利润是相互没有包含关系的，因此采用 if…else if 语句结构，另外在计算利润时要采用阶梯计算。图 1.1 所示为该程序流程图。

程序：

```
#include<stdio.h>
#include<stdlib.h>
int main()
{
    double p,r;
    scanf("%lf",&p);
    if(p <= 10)
        r = p * 0.1;
    else if(p > 10&&p <= 20)
        r = 10 * 0.1 + (p - 10) * 0.075;
    else if(p > 20&&p <= 40)
```

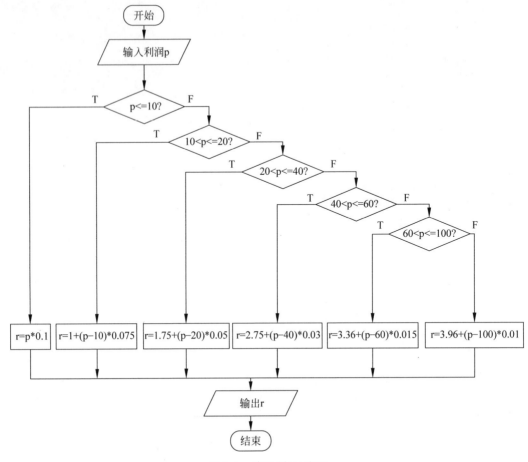

图 1.1　编程题(4)流程

```
        r = 10 * 0.1 + 10 * 0.075 + (p − 20) * 0.05;
    else if(p > 40&&p <= 60)
        r = 10 * 0.1 + 10 * 0.075 + 20 * 0.05 + (p − 40) * 0.03;
    else if(p > 60&&p <= 100)
        r = 10 * 0.1 + 10 * 0.075 + 20 * 0.05 + 20 * 0.03 + (p − 60) * 0.015;
    else if(p > 100)
        r = 10 * 0.1 + 10 * 0.075 + 20 * 0.05 + 20 * 0.03 + 40 * 0.015 + (p − 100) * 0.01;
    printf(" % lf\n",r);
    system("pause");
    return 0;
}
```

（5）输入字符,并以回车结束。将其中的小写字母转换成大写字母,而其他字符不变。

解析：从键盘上输入字符,直到回车结束,可用函数 getchar() 来实现。在输入字符时判断是否为小写字母,如果是小写字母,则用该字符的 ASCII 值减去 32 即可转换为大写字母输出。

程序：

```
# include < stdio.h >
# include < stdlib.h >
```

```
int main()
{
    char c;
    while((c = getchar())!= '\n')
    {
        if(c > = 'a'&&c < = 'z')
            c = c - 32;
        putchar(c);
    }
    system("pause");
    return 0;
}
```

（6）输入一个正整数,求它的所有素数因子。

解析：从最小的素数 k＝2 开始,若能整除输入的正整数 m,则用 m 被 k 整除后的商作为新的数,继续用 k 去除,若不能被 k 整除,则 k 增加 1,继续前面过程直到 k 大于或等于 m。流程如图 1.2 所示。

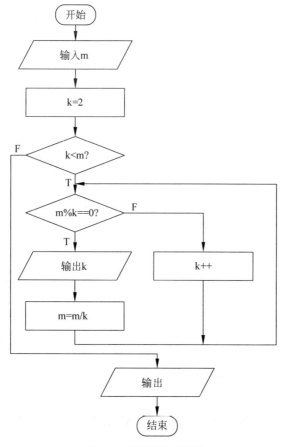

图 1.2　编程题(6)流程

程序：

```
#include<stdio.h>
#include<stdlib.h>
```

```
int main()
{
    int m,k = 2;
    printf("输入一个正整数:\n");
    scanf("%d",&m);
    while(k < m)
        if(m % k == 0)
        {
            printf("%4d",k);
            m = m/k;
        }
        else
            k++;
    printf("%4d\n",m);
    system("pause");
    return 0;
}
```

(7) 从键盘输入正整数 n 和 a，求 s=a+aa+aaa+⋯+a⋯a。

解析：关键是对每项的表示，通过观察和分析可知前一项与后一项的关系是：$p_{n+1} = 10p_n + a$。流程如图 1.3 所示。

程序：

```
#include <stdio.h>
#include <stdlib.h>
int main()
{
    int a,n,s = 0,p = 0,i;
    scanf("%d %d",&n,&a);
    for(i = 1;i <= n;i++)
    {
        p = p * 10 + a;
        s = s + p;
    }
    printf("%d\n",s);
    system("pause");
    return 0;
}
```

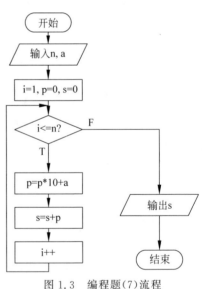

图 1.3　编程题(7)流程

(8) 九头鸟(传说中的一种怪鸟，它有九个头，两只脚)、鸡和兔子关在一个笼子里，它们的头数是 100，它们的脚数也是 100，编程计算其中九头鸟、鸡和兔子各有多少只。

解析：设 i、j、k 分别是九头鸟、鸡和兔子的数目，根据题意有 $1 \leqslant i \leqslant 11, 1 \leqslant j \leqslant 48, 1 \leqslant k \leqslant 23$，且得到如下两个式子：

$$\begin{cases} 9i + j + k = 100 \\ 2i + 2j + 4k = 100 \end{cases}$$

利用循环解这个不定方程组，可以求出九头鸟、鸡和兔子各有多少只。

程序：

```c
#include<stdio.h>
#include<stdlib.h>
int main()
{
    int i,j,k;
    for(i=1;i<=11;i++)
      for(j=1;j<=48;j++)
        for(k=1;k<=23;k++)
          if(9*i+j+k==100&&2*i+2*j+4*k==100)
            printf("九头鸟:%d\n 鸡:%d\n 兔子:%d\n",i,j,k);
    system("pause");
    return 0;
}
```

(9) 用二分法求方程 $2x^3-4x^2+3x-6=0$ 在区间 $(-10,10)$ 的根。

解析： 利用二分法求函数方程在区间 $[a,b]$ 的一个根，就是将区间不断二等分，根据区间端点和中间点的函数值进行比较，确定方程在函数值异号的区间内，不断进行二分，直到函数值为 0 或满足给定的精度即可。

程序：

```c
#include<stdio.h>
#include<math.h>
#include<stdlib.h>
int main()
{
    double a=-10,b=10,x,f1,f2,f;
    f1=(((2*a-4)*a+3)*a)-6;
    f2=(((2*b-4)*b+3)*b)-6;
    do
    {
        x=(a+b)/2;
        f=(((2*x-4)*x+3)*x)-6;
        if(f*f1<0)
        {
            b=x;
            f2=f;
        }
        else
        {
            a=x;
            f1=f;
        }
    }while(fabs(f)>=1e-6);
    printf("%.2lf\n",x);
    system("pause");
    return 0;
}
```

(10) 编写一个程序,计算 $x - \frac{1}{2} \times \frac{x^3}{4} + \frac{1}{2} \times \frac{3}{4} \times \frac{x^5}{6} - \frac{1}{2} \times \frac{3}{4} \times \frac{5}{6} \times \frac{x^7}{8} + \cdots$ 的近似值(直到最后一项的绝对值小于 eps)。

解析:通过观察分析,从第二项开始,前一项和后一项具有如下基本关系,$t_{n+1} = -t_n x^2 (2n-3)/(2n-2)$,$s_{n+1} = s_n + t_{n+1}/(2n)$,当某一项小于给定的误差后就停止计算,输出数列的和。

程序:

```c
#include <stdio.h>
#include <math.h>
#include <stdlib.h>
int main()
{
    int n = 2;
    double eps,t,s = 0,x;
    scanf("%lf %lf",&x,&eps);
    t = x;
    s = t;
    while(fabs(t/(2*n)) >= eps)
    {
        t = -t*(2*n-3)*x*x/(2*n-2);
        s = s + t/(2*n);
        n++;
    }
    printf("%d,%lf\n",n,s);
    system("pause");
    return 0;
}
```

(11) 取出一个无符号的十进制整数中所有奇数数字,按原来的顺序组成一个新的数。

解析:利用数位分离(除以 10 取余,整除 10),对分离出来的数字进行奇偶数判断,若为奇数,则组成新数的某一位。由于要按原来的顺序组成,即先分离出来的是低位,可以不断乘以 10,再加上前面组成的数来实现。流程如图 1.4 所示。

程序:

```c
#include <stdio.h>
#include <stdlib.h>
int main()
{
    unsigned long s,t = 0,p = 1;
    scanf("%u",&s);
    while(s != 0)
    {
        if((s%10)%2 != 0)
        {
            t = t + (s%10)*p;
            p = p*10;
        }
```

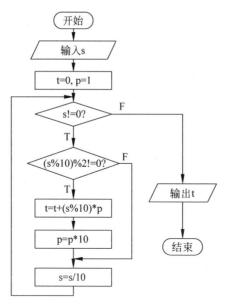

图 1.4　编程题(11)流程

```
            s = s/10;
    }
    printf(" % u\n",t);
    system("pause");
    return 0;
}
```

1.4　习　题　4

1. 单项选择题

(1) 以下正确的函数定义是(　　)。

A. double fun(int x, int y)
　　{
　　　z = x + y;
　　　return z;
　　}

B. double fun(int x,y)
　　{
　　　int z;
　　　return z;
　　}

C. fun(x,y)
　　{
　　　int x, y;
　　　double z;
　　　z = x + y;
　　　return z;
　　}

D. double fun(int x, int y)
　　{
　　　double z;
　　　z = x + y;
　　　return z;
　　}

答案：D

解析：函数的定义包括函数返回值的类型、函数名、函数参数及其类型，函数体中所用到的变量声明。A 中没有对变量声明类型，B 中没有对参数 y 声明类型，C 中没有指出函数返回值类型,参数的定义也不正确。

(2) 以下正确的说法是( )。

　　A. 实参和与其对应的形参各占用独立的存储单元

　　B. 实参和与其对应的形参共占用一个存储单元

　　C. 只有当实参和与其对应的形参同名时才共占用相同的存储单元

　　D. 形参是虚拟的,不占用存储单元

答案:D

解析:形参在函数被调用之前是不分配内存单元的,当然不占用存储单元。

(3) 若调用一个非 void 函数,且此函数中没有 return 语句,则正确的说法是( )。

　　A. 该函数没有返回值

　　B. 该函数返回若干个系统默认值

　　C. 能返回一个用户所希望的函数值

　　D. 返回一个不确定的值

答案:D

解析:函数的返回值的大小由函数体中 return 后面的表达式的值确定,对于非 void 类型的函数(定义了返回值的类型),函数体中没有 return 语句,调用该函数就不能得到一个确定的值。

(4) 以下不正确的说法是( )。

　　A. 实参可以是常量、变量或表达式

　　B. 形参可以是常量、变量或表达式

　　C. 实参可以为任意类型

　　D. 如果形参和实参的类型不一致,以形参类型为准

答案:B

解析:函数的形参只能是变量,而实参可以是常量、变量或表达式。

(5) C 语言规定,函数返回值的类型是由( )决定的。

　　A. return 语句中的表达式类型

　　B. 调用该函数时的主调函数类型

　　C. 调用该函数时由系统临时

　　D. 在定义函数时所指定的函数类型

答案:D

解析:函数返回值的大小由 return 后面的表达式的值确定,而函数值的类型由定义函数时所指定的类型确定。

(6) 已知一个函数的定义如下:

　　double fun(int x, double y)
　　{…}

则该函数正确的函数原型声明为( )。

　　A. double fun(int x,double y)

　　B. fun(int x,double y)

C. `double fun(int,double);`

D. `fun(x,y);`

答案：C

解析：根据函数的定义可知：函数的返回值为 double,函数名为 fun,有两个参数,其参数类型分别为 int 和 double；函数的原型声明只需指出函数返回值类型、函数名、函数参数类型并在括号外加分号结束。

(7) 以下正确的描述是(　　)。

A. 函数的定义可以嵌套,但函数的调用不可以嵌套

B. 函数的定义不可以嵌套,但函数的调用可以嵌套

C. 函数的定义和函数的调用均不可以嵌套

D. 函数的定义和函数的调用均可以嵌套

答案：B

解析：在 C 语言中函数的定义都是平等的,没有包含(嵌套)关系,而函数之间可以相互调用和嵌套调用。

(8) C 语言规定,程序中各函数之间(　　)。

A. 既允许直接递归调用也允许间接递归调用

B. 允许直接递归调用不允许间接递归调用

C. 不允许直接递归调用也不允许间接递归调用

D. 不允许直接递归调用允许间接递归调用

答案：A

解析：C 语言中,函数的定义是独立的(即各自分别定义),函数之间可以相互调用；嵌套调用是指一个函数 A 调用函数 B,函数 B 又调用函数 C；递归调用指在一个函数中直接或间接调用函数本身。C 语言既允许函数的嵌套调用,也允许函数的递归调用。

(9) 如果在一个函数的复合语句中定义了一个变量,则该变量(　　)。

A. 只在该复合语句中有定义　　　　B. 在该函数中有定义

C. 在本程序范围内有定义　　　　　D. 为非法变量

答案：A

解析：在函数的复合语句中定义的变量,属于局部变量,其作用域只能在对应的复合语句中。

(10) 以下不正确的说法是(　　)。

A. 在不同函数中可以使用相同名字的变量

B. 形式参数是局部变量

C. 在函数内定义的变量只在本函数范围内有定义

D. 在函数内的复合语句中定义的变量在本函数范围内有定义

答案：D

解析：C 语言中,函数的定义是平等的,它们之间只能相互调用,在每个函数中定义的变量其作用域只能在相应的函数内部,因此不同的函数使用相同的变量名字在内存中占用不同的存储单元；函数定义时的形参也是局部变量；在复合语句内定义的变量只能在对应的复合语句内有效。

(11) 以下不正确的说法是（　　）。
　　A. 全局变量、静态变量的初值是在编译时指定的
　　B. 静态变量如果没有指定初值，则其初值为0
　　C. 局部变量如果没有指定初值，则其初值不确定
　　D. 函数中的静态变量在函数每次调用时，都会重新设置初值

答案：D

解析：变量初值可分为在编译时赋初值和在运行时赋初值两种情形，全局变量和静态变量是在编译阶段赋初值（若没有赋初值，系统自动赋值为0），其他变量是在运行阶段赋初值（没有指定初值，则变量的值是随机的）。

(12) 以下只有在使用时才为该类型变量分配内存的存储类型说明是（　　）。
　　A. auto 和 static　　　　　　　　B. auto 和 register
　　C. register 和 static　　　　　　D. extern 和 register

答案：B

解析：auto 和 register 类型的变量只能够被定义成局部变量，而局部变量（静态局部变量除外）都是在运行使用时才分配内存空间。

(13) 以下叙述中不正确的是（　　）。
　　A. 函数中的自动变量可以赋初值，每调用一次，赋一次初值
　　B. 在调用函数时，实际参数和对应形参在类型上只需赋值兼容
　　C. 外部变量的隐含类别是自动存储类别
　　D. 函数形参可以说明为 register 变量

答案：C

解析：外部变量是定义在函数外面，属于全局变量，而自动存储类别的变量属于局部变量。

(14) 以下叙述中正确的是（　　）。
　　A. 全局变量的作用域一定比局部变量的作用域范围大
　　B. 静态类别变量的生存期贯穿于整个程序的运行期间
　　C. 函数的形参都属于全局变量
　　D. 未在定义语句中赋初值的 auto 变量和 static 变量的初值都是随机值

答案：B

解析：静态变量分为静态局部变量和静态全程变量，静态全程变量在整个程序中起作用（即作用域为当前整个程序，在其他程序中不起作用），静态局部变量在程序的某个函数中起作用，只有在调用该函数时，静态局部变量才起作用，但它们的生存周期都存在于整个程序。

2. 填空题

(1) 函数调用语句 fun((a,b),(c,d,e)) 中实参个数为_____。

答案：2

解析：函数 fun() 的实参是逗号表达式 (a,b) 和 (c,d,e)，因此实参个数为2。

(2) 在一个函数内部调用另一个函数的调用方式称为_____。在一个函数内部直接或间接调用该函数称为函数_____的调用方式。

答案：嵌套，递归

解析：嵌套就是在一个函数中调用另外一个函数，递归调用是一个函数直接或间接调用函数本身。

(3) C语言变量按其作用域分为_____和_____。按其生存期分为_____和_____。

答案：全局变量，局部变量，静态变量，动态变量

解析：全局变量是在函数外面定义的变量，它在整个程序中起作用，局部变量是在某一函数中定义的，它在该函数中起作用，它们的作用范围不一样。静态变量分为静态局部变量和静态全程变量，它们随程序的结束而结束；动态变量是在某一函数内定义的，它随该函数的调用结束而结束。

(4) C语言变量的存储类型有_____、_____、_____和_____。

答案：auto，static，register，extern

解析：C语言中变量的存储类型包含auto（自动类型）、static（静态类型）、register（寄存器类型）、extern（外部类型）。

(5) 在一个C程序中，若要定义一个只允许本源程序文件中所有函数使用的全局变量，则该变量需要定义的存储类型为_____。

答案：static

解析：在C语言中定义的变量只能在该源程序的所有函数中起作用，而不能被其他程序使用，则该变量的存储类型应该是静态类型（static）的全局变量。

(6) 变量被赋初值可以分为_____和_____两个阶段。

答案：编译，运行

解析：全局变量和静态局部变量的赋初值是在编译阶段进行的，局部变量的赋初值是在函数调用（程序运行）阶段进行的。

3. 程序阅读题

(1) 下面程序运行的结果是_____。

```c
#include<stdio.h>
#include<stdlib.h>
int f(int);
int main()
{
    int z;
    z = f(4);
    printf("%d\n",z);
    system("pause");
    return 0;
}
int f(int x)
{
    if(x == 0 || x == 1)
        return 3;
    else
        return x * x - f(x - 2);
}
```

答案：15

解析：本题是函数 f() 的递归调用，递归表达式为：$f(x) = \begin{cases} 3, & x=0,1 \\ x^2 - f(x-2), & x>1 \end{cases}$，主函数中调用 f(4) 后执行 $4 \times 4 - f(4-2)$，这时函数 f() 参数值为 2，执行 $2 \times 2 - f(2-2)$，函数 f() 的参数为 0，递归结束，最后回推为：$4 \times 4 - f(2) = 4 \times 4 - 2 \times 2 + f(0) = 4 \times 4 - 2 \times 2 + 3 = 15$。

(2) 下面程序运行的结果是_____。

```
#include<stdio.h>
#include<stdlib.h>
int f(int);
int main()
{
    int z;
    z = f(5);
    printf("%d\n",z);
    system("pause");
    return 0;
}
int f(int n)
{
    if(n==1||n==2)
        return 1;
    else
        return f(n-1)+f(n-2);
}
```

答案：5

解析：这是斐波那契数列的递归调用，递归式为 $f(n) = \begin{cases} 1, & n=1,2 \\ f(n-1)+f(n-2), & n>2 \end{cases}$，$f(5) = f(4)+f(3) = (f(3)+f(2))+(f(2)+f(1)) = ((f(2)+f(1))+f(2))+(f(2)+f(1)) = 1+1+1+1+1 = 5$。

(3) 下面程序运行的结果是_____。

```
#include<stdio.h>
#include<stdlib.h>
int f1(int,int);
int f2(int,int);
int main()
{
    int a = 4, b = 3, c = 5;
    int d, e, f;
    d = f1(a,b);
    d = f1(d,c);
    e = f2(a,b);
    e = f2(e,c);
    f = a+b+c-d-e;
    printf("%d,%d,%d\n",d,f,e);
```

```c
        system("pause");
        return 0;
    }

    int f1(int x, int y)
    {
        return x > y?x:y;
    }
    int f2(int x, int y)
    {
        return x > y?y:x;
    }
```

答案：5,4,3

解析：函数 f1() 是求参数 x、y 的最大值,函数 f2() 是求参数 x、y 的最小值。调用 d=f1(a,b) 后 d=4,调用 d=f1(d,c) 后 d=5,调用 e=f2(a,b) 后 e=3,调用 e=f2(e,c) 后 e=3；f=a+b+c−d−e=3+4+5−5−3=4。因此输出结果为 5,4,3。

(4) 下面程序运行的结果是_____。

```c
#include<stdio.h>
#include<stdlib.h>
int fun1(int);
int fun2(int);
int i = 0;
int main()
{
    int i = 5;
    fun2(i/2);
    printf("i = %d\n",i);
    fun2(i = i/2);
    printf("i = %d\n",i);
    fun2(i/2);
    printf("i = %d\n",i);
    fun1(i/2);
    printf("i = %d\n",i);
    system("pause");
    return 0;
}
int fun1(int i)
{
    i = (i%i)*(i*i)/(2*i)+4;
    printf("i = %d\n",i);
    return(i);
}
int fun2(int i)
{
    i = i<=2 ? 5: 0;
    return(i);
}
```

答案:
i=5
i=2
i=2
i=4
i=2

解析:本题主要是理解不同函数中使用相同的变量,它们的含义不同(其实代表不同的变量),在 main()函数中 i=5,用 i/2(即实参值为 2)调用函数 fun2(),虽然函数 fun2()的返回值是 5,但主函数中执行 printf("i=%d\n",i)后输出的是主函数中 i 的值(即为 5);用 i=i/2 再调用函数 fun2()(实参的值为 2,这时主函数中变量 i 的值也变为 2),主函数中执行 printf("i=%d\n",i)后输出的是主函数中变量 i 改变后的值(即为 2);用 i/2(即实参值为 1)调用函数 fun2(),虽然函数 fun2()的返回值是 5,但主函数中执行 printf("i=%d\n",i)后输出的是主函数中 i 的值(即为 2);用 i/2(即实参值为 1)调用函数 fun1(),函数 fun1()中 i=4,执行 fun1()中的 printf("i=%d\n",i)后输出 fun1()中 i 的值(即为 4);再执行主函数中的 printf("i=%d\n",i),输出主函数中变量 i 的值(即为 2)。

(5) 下面程序的功能是_____。

```
# include <stdio.h>
# include <stdlib.h>
int func(int);
int main()
{
    int n;
    for(n = 100; n < 1000; n++)
    if(func(n))
        printf("%d \n",n);
    system("pause");
    return 0;
}
int func(int n)
{
    int i,j,k;
    i = n/100;
    j = n/10 - i * 10;
    k = n % 10;
    if((i * 100 + j * 10 + k) == i * i * i + j * j * j + k * k * k) return n;
    return 0;
}
```

答案:求三位数的水仙花数

解析:三位数的水仙花数是指这个数的各个数位上的数字的立方和和该数相等。题目中 i 表示百位数,j 表示十位数,k 表示个位数。

(6) 若输入的值是-125,下面程序运行的结果是_____。

```
# include <stdio.h>
# include <math.h>
```

```
#include<stdlib.h>
void fun(int);
int main()
{
    int n;
    scanf("%d",&n);
    printf("%d = ",n);
    if(n<0)
        printf("-");
    n = fabs(n);
    fun(n);
    system("pause");
    return 0;
}
void fun(int n)
{
    int k,r;
    for(k=2; k<=sqrt(1.0*n); k++)
    {
      r = n % k;
      while(!r)
      {
          printf("%d",k); n=n/k;
          if(n>1) printf("*");
          r = n % k;
      }
    }
    if(n!=1)
        printf("%d\n",n);
}
```

答案：-125=-5*5*5

解析：本题是将给定的整数 n 分解为素数因子相乘,若为负数,则先输出一个负号。外循环 k 为 2～$\sqrt{n}$,作为判断是否为素数因子,r 是 n 除以 k 所得的余数;while 内循环是当余数 r 为 0 时(即素数因子)输出素数 k,然后 n＝n/k、r＝n%k,若 r 为 0,继续 while 循环,若 r 不为 0,退出 while 循环,k 增加 1,重复上述过程。

(7) 若输入 253,则下面程序运行的结果是_____。

```
#include<stdio.h>
#include<stdlib.h>
long fun(long);
int main()
{
    long x;
    scanf("%ld",&x);
    printf("\n%ld\n",fun(x));
    system("pause");
    return 0;
}
```

```
long fun(long data)
{
    long k = 1;
    do
    {
        k * = data % 10;
        data/ = 10;
    } while(data);
    return(k);
}
```

答案：30

解析：函数 fun()是对长整型数进行数位分离(除以 10 取余,整除 10),分离出来的每个数位上的数字相乘,将乘积作为该函数的返回值。3×5×2＝30。

(8) 下面程序运行的结果是_____。

```
#include<stdio.h>
#include<stdlib.h>
int fun(int);
int main()
{
    int i,a = 5;
    for(i = 0;i < 3;i++)
        printf("%d %d\n",i,fun(a));
    printf("\n");
    system("pause");
    return 0;
}
int fun(int a)
{
    int b = 0;
    static int c = 3;
    b++;
    c++;
    return(a + b + c);
}
```

答案：

0   10
1   11
2   12

解析：函数 fun()中,c 为静态局部变量,其初值是在编译阶段完成的,只能赋值一次,每次调用该函数都会继承上一次的值。第一次调用 fun()函数(i=0),b=0,c=3,执行 b++,c++后 b=1,c=4,因此 a+b+c 的值为 10;第二次调用 fun()函数(i=1),b=0,c=4,执行 b++,c++后 b=1,c=5,因此 a+b+c 的值为 11;第三次调用 fun()函数(i=2),b=0,c=5,执行 b++,c++后 b=1,c=6,因此 a+b+c 的值为 12。

4. 程序填空题

(1) 以下程序的功能是计算函数 $F(x,y,z)=\dfrac{x+y}{x-y}+\dfrac{z+y}{z-y}$，请填空使程序完整。

```
#include<stdio.h>
#include<stdlib.h>
_____;
int main()
{
    double x,y,z,f;
    scanf("%f,%f,%f",&x,&y,&z);
    f = fun(_____);
    f += fun(_____);
    printf("f = %lf",f);
    system("pause");
    return 0;
}
double fun(double a,double b)
{
    return(a/b);
}
```

答案：double fun(double, double)，x+y, x-y, z+y, z-y

解析：根据 prinft() 函数的输出格式和函数 fun() 的定义可知，第一空应该填函数 fun() 的原型声明：double fun(double, double)，函数 fun() 是求两个参数的商，第二空是求函数 $F(x,y,z)$ 的前面一部分，因此应填：x+y, x-y。第三空是求函数 $F(x,y,z)$ 的后面一部分，因此应填：z+y, z-y。

(2) 以下程序通过函数 SunFun 求 $\sum\limits_{x=0}^{10} f(x)$。这里 $f(x)=x^2+1$，由 F() 函数实现，请填空使程序完整。

```
#include<stdio.h>
#include<stdlib.h>
int SunFun(int);
int F(int);
int main()
{
    printf("The sum = %d\n", SunFun(10));
    system("pause");
    return 0;
}
int SunFun(int n)
{
    int x, s = 0;
    for(x = 0; x <= n; x++)
        s += F(_____);
    return s;
}
int F(int x)
```

```
{
    return(_____);
}
```

答案：x,x*x+1

解析：函数 SunFun(n) 是求函数 F(x) 中 x 从 0 到 n 的函数值的和,而函数 F(x) 是求 x^2+1 的值。这是函数的嵌套调用,main() 函数调用 SunFun() 函数,SunFun() 函数调用 F() 函数,但这三个函数是分别定义的。因此第一空填 x,第二空填 x*x+1。

(3) 函数 fun() 的功能是求数列 $\frac{2}{1},\frac{3}{2},\frac{5}{3},\frac{8}{5},\frac{13}{8},\cdots$ 的前 n 项之和,并通过函数值返回 main() 函数。例如,n=10,则输出 16.479905,请填空使程序完整。

```
#include<stdio.h>
#include<stdlib.h>
double fun(int);
int main()
{
    int n;
    scanf("%d",&n);
    printf("数列的和是：%lf\n",fun(n));
    system("pause");
    return 0;
}
double fun(int n)
{
    int a,b,c,k;
    double s;
    _____;
    a=2;
    b=1;
    for(k=1; k<=n;k++)
    {
        s=s+(double)a/b;
        c=a;
        _____;
        b=c;
    }
    return s;
}
```

答案：s=0,a=a+b

解析：本题是对分数数列求和,由于分子、分母都是整数,则在进行除法运算之前要先将分子或分母转换为浮点数。另外,数列的规律是：后一项的分母是前一项的分子,后一项的分子是前一项的分子分母之和。由于是累加求和,保存和的变量 s 应有初值,根据题意,第一空应填 s=0,因 a 为分子,b 为分母,则第二空应填 a=a+b(前一项分子分母之和)。

5. 编程题

(1) 输入一正整数,求所有数位上数字之和。

解析：首先进行数位分离(除以 10 取余,整除 10),定义一个函数 fun(),函数参数是输入的无符号整数,函数的返回值为各数位上数字之和。

程序：

```c
#include<stdio.h>
#include<stdlib.h>
int fun(int);
int main()
{
    int s;
    do
    {
        scanf("%d",&s);
    }while(s<=0);
    printf("%d\n",fun(s));
    system("pause");
    return 0;
}
int fun(int s)
{
    int p=0;
    while(s!=0)
    {
        p=p+s%10;
        s=s/10;
    }
    return p;
}
```

(2) 求一元二次方程 $ax^2+bx+c=0$ 的根,用 3 个函数分别求判别式大于 0、等于 0 和小于 0 时的根,并输出结果。主函数中输入系数 a、b、c。

解析：一元二次方程的求根公式为 $x_{1,2}=\dfrac{-b\pm\sqrt{b^2-4ac}}{2a}$,要使用该公式,必须是二次项系数 a 不能为 0,因此程序必须首先要判断 a 是否为 0,然后计算判别式 $\Delta=b^2-4ac$,根据判别式大于 0(有两个不相等的实数根)、等于 0(有两个相等的实数根)、小于 0(有两个不相等的复数根)分别用三个函数来计算根的具体值并输出。

程序：

```c
#include<stdio.h>
#include<stdlib.h>
#include<math.h>
void f1(double,double,double,double);
void f2(double,double,double,double);
void f3(double,double,double,double);
int main()
{
    double a,b,c,d;
    scanf("%lf %lf %lf",&a,&b,&c);
    if(a==0)
    {
```

```
        printf("不是一元二次方程\n");
        exit(0);
    }
    d = b * b - 4 * a * c;
    if(d > 0)
        f1(a,b,c,d);
    else if(d == 0)
        f2(a,b,c,d);
    else
        f3(a,b,c,d);
    system("pause");
    return 0;
}
void f1(double a, double b, double c, double d)
{
    double x1,x2;
    {
        x1 = (-b + sqrt(d))/(2 * a);
        x2 = (-b - sqrt(d))/(2 * a);
        printf("%.2lf , %.2lf\n",x1,x2);
    }
}
void f2(double a, double b, double c, double d)
{
    double x1,x2;
    {
        x1 = -b/(2 * a);
        x2 = -b/(2 * a);
        printf("%.2lf , %.2lf\n",x1,x2);
    }
}
void f3(double a, double b, double c, double d)
{
    double x1,x2;
    {
        x1 = -b/(2 * a);
        x2 = sqrt(-d)/(2 * a);
        printf("%.2lf + i * %.2lf\n",x1,x2);
        printf("%.2lf - i * %.2lf\n",x1,x2);
    }
}
```

(3) 用递归方法求 n 解勒让德多项式的值，其递推公式为：

$$p_n(x) = \begin{cases} 1, & (n=0) \\ x, & (n=1) \\ ((2n-1)xp_{n-1}(x) - (n-1)p_{n-2}(x))/n, & (n>1) \end{cases}$$

解析：从勒让德多项式的递推公式可知，通过改变函数参数 n 的值来递归求多项式的值，因此设计一个有两个参数的递归函数 fun(n,x)，当 n＝0 或 n＝1 时递归过程结束。

程序：

```c
#include<stdio.h>
#include<stdlib.h>
double fun(int,double);
int main()
{
    int n;
    double x;
    do
    {
        scanf("%d",&n);
    }while(n<0);
    scanf("%lf",&x);
    printf("%lf\n",p(n,x));
    system("pause");
    return 0;
}
double fun(int n,double x)
{
    double pn;
    if(n==0)
        pn=1;
    else if(n==1)
        pn=x;
    else
        pn=((2*n-1)*x*fun(n-1,x)-(n-1)*fun(n-2,x))/n;
    return pn;
}
```

（4）计算银行存款余额和利息：假设银行存款季度利息是 5.3%，根据输入的原始数据计算利息和账户余额，并以表格的形式输出每个季度的利息和账户余额。要求写两个函数，一个用来计算利息和余额，一个用来输出。

解析：根据输入的本金和存期（以季度来计算），得出一个季度后获得的利息，用一个函数来实现，函数的返回值就是一个季度的利息。另外一个函数用季度数和一个季度的利息作为参数，并对季度循环，输出表格形式。

程序：

```c
#include<stdio.h>
#include<stdlib.h>
#define RATE 0.053
double fun(float);
void display(float,int);
int main()
{
    double dep;
    int season;
    scanf("%lf %d",&dep,&season);
    display(dep,season);
```

```c
        system("pause");
        return 0;
    }
    double fun(double d)
    {
        return d * RATE;
    }
    void display(double d,int s)
    {
        int i;
        printf("季度     利息      余额\n");
        printf("------------------------------ \n");
        for(i = 1;i < = s;i++)
        {
            printf("% - 4d % - .2lf % - .2lf\n",i,fun(d),fun(d) * i + d);
            printf("------------------------------ \n");
        }
    }
```

(5) 利用函数求 $s=\dfrac{1}{2^2}+\dfrac{3}{4^2}+\dfrac{5}{6^2}+\cdots+\dfrac{(2n-1)}{(2n)^2}$，直到 $\left|\dfrac{(2n-1)}{(2n)^2}\right|\leqslant 10^{-4}$，并把计算结果作为函数返回值。

解析：本题是计算数列的和，知道数列的某一项小于或等于给定的精度 10^{-4}，因此设计一个函数来计算该数列，函数的返回值为数列的和，根据数列的通项 $\dfrac{2n-1}{(2n)^2}$ 可知，n 从 1 开始循环，直到 $\dfrac{2n-1}{(2n)^2}\leqslant 10^{-4}$。

程序：

```c
#include < stdio.h >
double fun(void);
int main()
{
    printf("% lf\n",fun());
    return 0;
}
double fun(void)
{
    double s = 0;
    int n = 1;
    while((2.0 * n - 1)/((2.0 * n) * (2.0 * n))> 1e - 4)
    {
        s = s + (2.0 * n - 1)/((2.0 * n) * (2.0 * n));
        n++;
    }
    return s;
}
```

(6) 设 w 是一个大于 10 的无符号整数，若 w 是 n(n≥2)位的整数，函数求出 w 的第

n-1位的数作为函数的返回值。如 w=5923,则函数返回值为 923。

解析：本题的关键是要确定输入的无符号整数的位数 n,然后用 $\underbrace{10\cdots0}_{n}$ 来除以 w 所得到的余数即位 w 的 n-1 位。可以通过对 w 每次整除 10 直到 w<10,同时用一个初值为 1 的变量 p 每次乘以 10,然后用原来输入的数除以 p 所得到的余数。

程序：

```
#include<stdio.h>
#include<stdlib.h>
int fun(int);
int main()
{
    int w;
    scanf("%d",&w);
    printf("%d\n",fun(w));
    system("pause");
    return 0;
}
int fun(int w)
{
    int,p=1,m;
    m=w;
    while(m>10)
    {
        m=m/10;
        p=p*10;
    }
    return w%p;
}
```

1.5 习 题 5

1. 单项选择题

(1) 对于定义 int a[10]; 的正确描述是(   )。
   A. 定义一个一维数组 a,共有 a[1]到 a[10]10 个数组元素
   B. 定义一个一维数组 a,共有 a(0)到 a(9)10 个数组元素
   C. 定义一个一维数组 a,共有 a[0]到 a[9]10 个数组元素
   D. 定义一个一维数组 a,共有 a(1)到 a(10)10 个数组元素

答案：C

解析：C 语言中数组的定义中指出了数组元素的个数,元素的下标是从 0 开始的。

(2) 以下数组声明合法的是(   )。
   A. int x(10);   B. int x[10]
   C. int x[10];   D. int n,x[n];

答案：C

解析：C 语言中数组的声明（或定义）要求指出数组元素的类型、合法的数组名称以及用常量表示的数组元素个数（注：数组元素不能是变量），还必须用";"号表示定义结束。

(3) 若有定义：

```
double a[ ] = { 2.1,3.6,9.5};
double b = 6.0;
```

则下列错误的赋值语句是（　　）。

　　A．b＝a[2]；　　　　　　　　　　B．b＝a＋a[2]；
　　C．a[1]＝b；　　　　　　　　　　D．b＝a[0]＋7；

答案：B

解析：C 语言中的数组名是一个地址常量，同时地址值是一个无符号整型数，因此不能和浮点数进行运算。选项 B 中赋值符号两端变量的类型不一致。

(4) 下列语句中，（　　）定义了一个只能存储 20 个字符的数组。

　　A．int　a[21]；　　　　　　　　　B．char b[20]；
　　C．char c[21]；　　　　　　　　　D．int　d[20]；

答案：B

解析：题目要求只存储 20 个字符，不能浪费存储空间，因此应该选 B。

(5) 已知函数 isalpha(ch) 的功能是判断自变量 ch 是否为字母，若是，则该函数值为 1，否则为 0。以下程序的输出结果是（　　）。

```
#include<stdio.h>
#include<ctype.h>
#include<stdlib.h>
void fun(char str[ ])
{
  int i,j;
  for(i=0,j=0;str[i];i++)
   if(!isalpha(str[i]))
     str[j++] = str[i]; /* isalpha()判断是否是字母的函数 */
  str[j] = '\0';
}
int main()
{
  char str[100] = "Current date is Thu 02-12-2008.";
  fun(str);
  printf("%s\n",str);
  system("pause");
  return 0;
}
```

　　A．02-12-2008.　　　　　　　　　B．02122008
　　C．Current date is Thu　　　　　D．Current date is Sat 02-12-2008.

答案：A

解析：函数 fun() 的功能是将 str[] 数组中存储的字符串中的字母删除，保留其余字符（本题为空格、数字、减号、英文句号等），因此应选 A。

(6) 若对数组 a 和数组 b 进行初始化：

```
char a[] = "ABCDEF";
char b[] = {'A', 'B', 'C', 'D', 'E', 'F'};
```

则下列叙述正确的是(　　)。

　　A. a 与 b 数组完全相同　　　　　　B. a 与 b 数组长度相同
　　C. a 与 b 数组都存放字符串　　　　D. 数组 a 比数组 b 长度长

答案：D

解析：字符串必须有结束('\0')，数组 a 是一对双引号括起来的字符串，数组的长度应为字符个数加 1(即 7)；数组 b 中没有结束符标志，不算字符串，数组长度就是字符个数(即 6)，因此应选 D。

(7) 已知下列程序段：

```
char a[3], b[] = "Hello";
a = b;
printf("%s", a);
```

则(　　)。

　　A. 运行后将输出 Hello　　　　　　B. 运行后将输出 He
　　C. 运行后将输出 Hel　　　　　　　D. 编译出错

答案：D

解析：C 语言中数组名表示地址常量，不能对其直接赋值，否则会出现编译出错，因此应选 D。

(8) 下列程序的运行结果为(　　)。

```
#include<stdio.h>
#include<stdlib.h>
int main()
{
    char a[] = "morning";
    int i, j = 0;
    for(i = 1; i < 7; i++)
        if(a[j]<a[i]) j = i;
    a[j] = a[7];
    puts(a);
    system("pause");
    return 0;
}
```

　　A. mogninr　　　　　　　　　　　B. mo
　　C. morning　　　　　　　　　　　D. mornin

答案：B

解析：j=0，i=1 时 a[j]<a[i]，这时 j=1；当 i=2 时，a[j]<a[i]，这时 j=2；i=3～6 时，a[j]>a[i]，这时 j 没有发生改变，for 循环结束，a[7]的值是字符串的结束符，因此 a[j]=a[7]相当于 a[2]=a[7]='\0'，输出数组 a 所表示的字符串时就只得到 mo，因此选 B。

(9) 有以下程序：

```c
#include<stdio.h>
#include<stdlib.h>
int main()
{
    int i,t[][3]={9,8,7,6,5,4,3,2,1};
    for(i=0;i<3;i++)
     printf("%d",t[2-i][i]);
    system("pause");
    return 0;
}
```

程序运行的结果是(　　)。

A. 3 5 7　　　　　　　　　　　　B. 7 5 3

C. 3 6 9　　　　　　　　　　　　D. 7 5 1

答案：A

解析：根据二维数组定义时赋初值情况可知，二维数组 t 有 3 行 3 列。循环输出 t[2][0]、t[1][1]、t[0][2]，即 3、5、7。因此本题应选 A。

(10) 下面二维数组定义并初始化中错误的是(　　)。

A. int x[4][3]={{1,2,3},{4,5,6},{7,8,9},{10,11,12}};

B. int x[4][]={{1,2,3},{4,5,6},{7,8,9},{10,11,12}};

C. int x[][3]={{1},{2},{3,4,5}};

D. int x[][3]={1,2,3,4};

答案：B

解析：根据二维数组定义规定：在定义二维数组时，可以省略行数，但不能省略列数。因此本题应选 B。

(11) 以下程序运行的结果是(　　)。

```c
#include<stdio.h>
#include<string.h>
#include<stdlib.h>
int main()
{
    char str[][20]={"One * World","One * Dream!"};
    printf("%d,%s\n",strlen(str[1]),str[1]);
    system("pause");
    return 0;
}
```

A. 10,One * Dream!　　　　　　　B. 11,One * Dream!

C. 9,One * World　　　　　　　　D. 10,One * World

答案：A

解析：函数 strlen() 是返回字符串的长度(不包括结束符)，str[1] 是字符串 "One * Dream!"，因此 strlen(str[1]) 的值是 10，printf("%s",str[1]) 是输出 str[1] 中的字符串，直到结束符。因此本题应选 A。

2. 填空题

(1) 若有 int a[10]；则 a 数组的第一个元素的下标是_____，最后一个元素是_____。

答案：0,9

解析：C 语言中数组的下标是从 0 开始的,最大下标是数组元素个数－1。

(2) 写出如下数组变量的声明：

① 一个含有 100 个双精度浮点数的数组 realArray _____。

答案：double realArray[100]

解析：双精度浮点类型为 float,数组名是 realArray,数组元素个数为 100。

② 一个含有 16 个字符型数据的数组 strArray _____。

答案：char strArray[16]

解析：字符类型为 char,数组名是 strArray,数组元素个数为 16。

③ 一个最多含有 1000 个整型数据的数组 intArray _____。

答案：int intArray[1000]

解析：整型类型为 int,数组名是 intArray,数组元素个数为 1000。

(3) 在 C 语言中,_____确定某一数据所需的存储字节数。

答案：运算符 sizeof()

解析：C 语言中用 sizeof()测试某一数据类型占用内存空间的大小。

(4) 设有数组定义：char array [ ]="China"；则数组 array 所占的空间为_____。

答案：6 字节

解析：字符串所占用空间的大小要包含结束符(\0),本题中并没有指出数组中数组元素的个数,C 语言编译器根据初值个数自动分配相应大小的内存空间。

(5) 设有数组定义：char a [12]="Nanjing"；则数组 a 所占的空间为_____。

答案：12 字节

解析：在定义数组时,已经指出了数组元素个数,因此应该以指出的元素个数(数组长度)来分配数组所占用的内存大小。

(6) 字符串"ab\n\012\\\""的长度为_____。

答案：6

解析：转义字符算一个字符,\n、\012、\\、\"分别表示换行、八进制表示的字符、反斜杠和双引号,则该字符串的长度为 6。

3. 程序阅读题

(1) 从键盘输入：

aa bb<CR>

(<CR>表示回车)

cc　dd<CR>

则下面程序的运行结果是_____。

#include<stdio.h>

```
#include<stdlib.h>
int main()
{
    char a1[6],a2[6],a3[6],a4[6];
    scanf("%s%s",a1,a2);
    gets(a3); gets(a4);
    puts(a1); puts(a2);
    puts(a3); puts(a4);
    system("pause");
    return 0;
}
```

答案：aa
　　　　bb

　　　　cc dd

解析：scanf()函数输入字符串时以空格、回车或 Tab 键分隔符作为输入结束，而 gets()函数输入只是以回车作为结束。因此数组 a1 存入的字符串是"aa"，数组 a2 存入的字符串是"bb"，数组 a3 存入的字符串是回车，数组 a4 存入的字符串是"cc dd"。

(2) 从键盘输入：

ab<CR>

(<CR>表示回车)

c<CR>
def<CR>

则下面程序的运行结果是_____。

```
#include<stdio.h>
#include<stdlib.h>
#define N 6
int main()
{
    char c[N];
    int i=0;
    for(;i<N;c[i]=getchar(),i++);
    for(i=0;i<N;i++) putchar(c[i]);
    system("pause");
    return 0;
}
```

答案：ab
　　　　c
　　　　d

解析：循环 6 次，读入 6 个字符存入数组 c，它们分别是 a、b、<CR>、c、<CR>、d。

(3) 从键盘输入 AhaMA　　Aha<CR>(<CR>表示回车)，则下面程序的运行结果是_____。

```
#include<stdio.h>
```

```
#include<stdlib.h>
int main()
{
    char s[80],c='a';
    int i=0;
    scanf("%s",s);
    while(s[i]!='\0')
    {
        if(s[i]==c) s[i]=s[i]-32;
        else if(s[i]==c-32) s[i]=s[i]+32;
        i++;
    }
    puts(s);
    system("pause");
    return 0;
}
```

答案：ahAMa

解析：scanf()函数输入字符串时以空格、回车或 Tab 键作为输入结束,因此本题只是把字符串 AhaMA 存入了数组 s 中,当 s 中的元素与字母 a 相同时转为大写字母,与字母 A 相同时转为小写字母(即 a 转为 A,A 转为 a)。

(4) 从键盘输入 18 时,下面程序的运行结果是_____。

```
#include<stdio.h>
#include<stdlib.h>
int main()
{
    int x,y,i,a[8],j,u,v;
    scanf("%d",&x);
    y=x;i=0;
    do{
        u=y/2;
        a[i]=y%2;
        i++;y=u;
    }while(y>=1);
    for(j=i-1;j>=0;j--)
        printf("%d",a[j]);
    system("pause");
    return 0;
}
```

答案：10010

解析：本题是将输入的数整除 2 和除以 2 取余数,并将余数保存在数组 a 中,然后将数组的元素从下标由大到小输出元素值(其实就是将输入的整数转换成二进制输出)。

(5) 下面程序是将 k 值按数组中原来的升序找到合适的位置插入,运行结果是_____。

```
#include<stdio.h>
#include<stdlib.h>
```

```
int main()
{
    int i = 1, n = 3, j, k = 3;
    int a[5] = {1,4,5};
    while(i <= n && k > a[i]) i++;
    for(j = n - 1; j >= i; j--)
        a[j + 1] = a[j];
    a[i] = k;
    for(i = 0; i <= n; i++)
        printf("%3d", a[i]);
    system("pause");
    return 0;
}
```

答案： 1 3 4 5

解析： 语句 while(i<=n&&k>a[i])i++；是找到前一个数组元素小于或等于k,后一个数组元素大于k的下标i,第一个 for 循环是将下标为 i~n－1 的数组元素向后移动一个位置,然后将 k 存放到下标为 i 的数组元素中。

（6）下面程序的运行结果是_____。

```
#include <stdio.h>
#include <stdlib.h>
int main()
{
    int i, j;
    int big[8][8], large[25][12];
    for(i = 0; i < 8; i++)
        for(j = 0; j < 8; j++)
            big[i][j] = i * j;
    for(i = 0; i < 25; i++)
        for(j = 0; j < 12; j++)
            large[i][j] = i + j;
    big[2][6] = large[24][10] * 22;
    big[2][2] = 5;
    big[big[2][2]][big[2][2]] = 177;
    for(i = 0; i < 8; i++) {
        for(j = 0; j < 8; j++)
            printf("%5d", big[i][j]);
        printf("\n");
    }
    system("pause");
    return 0;
}
```

答案：

0	0	0	0	0	0	0	0
0	1	2	3	4	5	6	7
0	2	5	6	8	10	748	14
0	3	6	9	12	15	18	21

0	4	8	12	16	20	24	28
0	5	10	15	20	177	30	35
0	6	12	18	24	30	36	42
0	7	14	21	28	35	42	49

解析：通过两个二重循环分别对二维数组 big[i][j]、large[i][j]进行 i∗j 和 i+j 赋值，其中，big[2][2]的值为 4，large[24][10]的值为 34，big[2][6] = large[24][10] ∗ 22 后 big[2][6]为 748，big[big[2][2]][big[2][2]]就是 big[4][4]。

(7) 下面程序运行的结果是_____。

```
#include<stdio.h>
#include<string.h>
#include<stdlib.h>
int main()
{
    char s[4][20] = {"JAVA","C#","C++","Python"};
    int i,k = 0;
    for(i = 1;i < 4;i++)
        if(strcmp(s[k],s[i])< 0)
            k = i;
    puts(s[k]);
    system("pause");
    return 0;
}
```

答案：Python

解析：C 语言中的二维数组可以理解成每行由一个一维数组组成，char s[4][20]就可理解成 4 个一维数组，每个一维数组的长度都是 20 个字符，4 个字符串分别保存在 4 个一维数组(s[0],s[1],s[2],s[3])中，循环语句是用字符串比较函数 strcmp()找出 4 个字符串中最大的字符串。

4. 程序填空题

(1) 以下程序用来检查二维数组是否对称(即对所有 i,j 都有 a[i][j]=a[j][i])，请填空使程序完整。

```
#include<stdio.h>
#include<stdlib.h>
int main()
{
    int a[4][4] = {1,2,3,4, 2,2,5,6, 3,5,3,7, 8,6,7,4};
    int i, j, found = 0;
    for(j = 0; j < 4; j++){
        for(i = 0; i < 4; i++)
            if(_____)
            {
                found = _____;
                break;
            }
        if(found) break;
```

```
        }
        if(found) printf("不对称\n");
        else printf("对称\n");
        system("pause");
        return 0;
    }
```

答案：a[i][j] != a[j][i],1

解析：本题要求判断二维数组是否对称（所有的 a[i][j]==a[j][i]），只要有一个不满足要求就是不对称，题目中用变量 found 作为标志，当 found=0 时，为对称二维数组，found=1 时，为非对称二维数组。因此第一空应填 a[i][j] != a[j][i]，第二空应填 1。

（2）以下程序用来输入 5 个整数，并将其存放在数组中；再找出最大数与最小数所在的下标位置，将两者对调；然后输出调整后的 5 个数，请填空使程序完整。

```
#include<stdio.h>
#include<stdlib.h>
int main()
{
    int a[5], t, i, maxi, mini;
    for(i = 0; i < 5; i++)
        scanf("%d", &a[i]);
    mini = maxi = _____;
    for(i = 1; i < 5; i++)
    {
        if(_____)
            mini = i;
        if(a[i] > a[maxi])
            _____;
    }
    printf("最小数的位置是：%3d\n", mini);
    printf("最大数的位置是：%3d\n", maxi);
    t = a[maxi];
    _____;
    a[mini] = t;
    printf("调整后的数为：");
    for(i = 0; i < 5; i++)
        printf("%d", a[i]);
    printf("\n");
    system("pause");
    return 0;
}
```

答案：0,a[i] < a[mini],maxi=i,a[maxi]=a[mini]

解析：题目中 mini 和 maxi 分别表示最小数和最大数的下标，因此第一空填 0；for 循环找数组 a 的最小值和最大值，并改变相应的下标，第二空填 a[i] < a[mini]；第三空填 maxi = i（改变最大值的下标）；第四空是交换最大值和最小值，应填 a[maxi] = a[mini]。

（3）建立函数 arraycopy()，将数组 a[] 的内容复制到数组 b[] 中。请填空使程序完整。

```
#include<stdio.h>
```

```
#include <stdlib.h>
int arraycopy(_____)
{
    int i = 0;
    while(a[i]!=-999)
    {
        _____;
        i++;
    }
    b[i] = _____;
    return 0;
}
int main()
{
    int a[] = {1,2,3,4,5,6,7,8,9,10,-999};
    int b[100], i = 0;
    _____;
    while(b[i]!=-999)
      printf("%d ",_____);
    system("pause");
    return 0;
}
```

答案：

int a[], int b[]

b[i] = a[i]

-999

arraycopy(a,b)

b[i++]

解析：函数 arraycopy() 是将数组 a 的每个元素的值复制到数组 b 的每个元素中,从函数体中可以看出需要对数组 a、b 进行操作,因此函数的形参要指出对数组的引用,第一空填 int a[], int b[];当 a[i]!=-999 时,将 a[i] 赋给 b[i],因此第二空填 b[i]=a[i];从主函数中可以看出,当 b[i]!=-999 时,输出数组 b 的元素值,则第三空填-999;第四空是函数调用语句,则填 arraycopy(a,b);第五空是输出 b 数组元素的值,且下标自动改变,因此应填 b[i++]。

(4) 以下程序将数字字符串转换成数值。请填空使程序完整。

```
#include <stdio.h>
#include <stdlib.h>
int main()
{
    char ch[] = "600";
    int a,s = 0;
    for(a = 0;_____;a++)
      if(ch[a]>='0'&&ch[a]<='9')
        s = 10*s+ch[a]-'0';
    printf("\n%d",s);
    system("pause");
    return 0;
}
```

答案：a < sizeof(ch)

解析：数字字符转换为数字是将该字符减去字符 0 的 ASCII 码，for 循环是对字符串长度进行循环，因此要求出字符串的长度，该空应填 a < sizeof(ch)。

5. 编程题

(1) 用循环将 a[3][4] 的第一行与第三行对调。

```
a
    0  2  9  7              27 11  1  3
    5 13  6  8      →        5 13  6  8
   27 11  1  3               0  2  9  7
```

解析：将二维数组的两行对调只需对列进行循环，并定义一个中间变量作为两行对应元素交换时的临时存储，本题可以直接操作：t=a[0][j],a[0][j]=a[2][j],a[2][j]=t。

程序：

```c
#include<stdio.h>
#include<stdlib.h>
int main()
{
    int a[3][4] = {0,2,9,7,5,13,6,8,27,11,1,3};
    int i,j,temp;
    for(i = 0,j = 0;j < 4;j++)
    {
        temp = a[i][j];
        a[i][j] = a[i+2][j];
        a[i+2][j] = temp;
    }
    for(i = 0;i < 3;i++)
    {
        for(j = 0;j < 4;j++)
            printf("%3d",a[i][j]);
        printf("\n");
    }
    system("pause");
    return 0;
}
```

(2) 编程实现显示如下形式的数字：

```
1 0 0 0 0 0
2 1 0 0 0 0
3 2 1 0 0 0
4 3 2 1 0 0
5 4 3 2 1 0
6 5 4 3 2 1
```

解析：本题的数字矩阵分布是：主对角线以上(行下标小于列下标)都是 0，主对角线以下部分是以每行的行数开始，随着列数的增加而逐渐减少直到对角线上为 1，且每列每次减少 1。若 i 作为行数的循环，每行的开始为 t=i+1；然后内循环是对列进行循环，每次减少

1,即 a[i][j]＝t--(注：列的循环控制条件是 j<=i 或 j<i+1)。

程序：

```c
#include<stdio.h>
#include<stdlib.h>
#define N 6
int main()
{
    int a[N][N];
    int i,j,t=1;
    for(i=0;i<N;i++)
    {
        t = i+1;
        for(j=0;j<i+1;j++)
            a[i][j] = t--;
    }
    for(i=0;i<N;i++)
    {
        for(j=0;j<N;j++)
            printf(" %3d",a[i][j]);
        printf("\n");
    }
    system("pause");
    return 0;
}
```

(3) 编程输出 n 阶左上拐矩阵,如 n＝5 时有：

1 1 1 1 1
1 2 2 2 2
1 2 3 3 3
1 2 3 4 4
1 2 3 4 5

解析：左上拐矩阵从主对角线划分,主对角线上部分的每个数组元素的值是该行的行数,主对角线下部分的每个数组元素的值是该列的列数。即 i<j 时,a[i][j]＝i+1; i>=j 时,a[i][j]＝j+1。

程序：

```c
#include<stdio.h>
#include<stdlib.h>
#define N 30
int main()
{
    int i,j,n,k,a[N][N];
    scanf("%d",&n);
    for(i=0;i<n;i++)
        for(j=0;j<n;j++)
            if(i<j)
                a[i][j] = i+1;
```

```
        else
            a[i][j] = j + 1;
    for(i = 0;i < n;i++)
    {
        for(j = 0;j < n;j++)
            printf(" % d ",a[i][j]);
        printf("\n");
    }
    system("pause");
    return 0;
}
```

(4) 编程输出如下 n 阶蛇形矩阵,如 n=5 时有:

```
15   7   6   2   1
16  14   8   5   3
22  17  13   9   4
23  21  18  12  10
25  24  20  19  11
```

解析:这是一个"蛇形"矩阵:从右上角(i=1,j=n)开始,将 $1 \sim n^2$ 的数依次按蛇形方式(左、左下、下、右上)填入数组元素。当右边越界(j>n)时,则直接到下一行的最后一列(j=n);当上边越界(i<1)时,则直接到第一行(i=1)的前一列;当左边越界(j<1)时,则直接到第一列(j=1)的下一行;当下边越界(i>n)时,直接到最后一行(i=n)的前一列。为了编程方便,可设置一个标志变量 f,循环开始时 f=-1,行列下标分别为 i=i+f,j=j+f,当下标越界时 f=-f。

程序:

```
#include <stdio.h>
#include <stdlib.h>
#define N 100
int main()
{
    int n,t,f,i,j,a[N][N];
    scanf(" % d",&n);
    f = -1;
    i = 1;
    j = n;
    for(t = 1;t <= n * n;t++)
    {
        a[i][j] = t;
        i = i + f;
        j = j + f;
        if(i < 1||i > n||j < 1||j > n)
            f = -f;
        if(j < 1)                    /* 左边越界 */
        {
            i = i + 2;
            j = 1;
```

```
      }
    else if(i < 1)              /* 上边越界 */
      i = 1;
    else if(i > n)              /* 下边越界 */
    {
      i = n;
      j = j - 2;
    }
    else if(j > n)              /* 右边越界 */
      j = n;
  }
  for(i = 1;i <= n;i++)
  {
    for(j = 1;j <= n;j++)
      printf(" % d ",a[i][j]);
    printf("\n");
  }
  system("pause");
  return 0;
}
```

(5) 输入 M 个整数并存放在数组中,找出最大数与最小数所在的下标位置,并把两者对调,然后输出调整后的 M 个数。

解析:定义一个有 M 个元素的数组来存储输入的 M 个数,并将第一个元素 a[0] 作为最大值和最小值的初始参考值,利用循环找到 M 个数的最大值和最小值,并把它们的下标保存在两个整型变量中,最后将最大值和最小值的位置交换并输出调整后的 M 个数。

程序:

```
#include <stdio.h>
#include <stdlib.h>
#define M 5
int main()
{
  int a[M];
  int i,max,min,maxi,mini,temp;
  for(i = 0; i < M; i++)
    scanf(" % d",&a[i]);
  max = min = a[0];
  for(i = 1; i < M; i++)
  {
    if(max < a[i])
    {
      max = a[i];
      maxi = i;
    }
    if(min > a[i])
    {
      min = a[i];
      mini = i;
    }
```

```c
        }
        temp = a[maxi];
        a[maxi] = a[mini];
        a[mini] = temp;
        for(i = 0; i < M; i++)
            printf(" % 3d",a[i]);
        system("pause");
        return 0;
}
```

(6) 编写程序,计算具有 NROWS 行和 NCOLS 列的二维数组中指定列的平均值以及数组各行的和的最小值。

解析：循环按行输入,在输入的过程中顺便计算每行的元素之和；为了找出各行元素和的最大值,可定义一个变量 max,其初值为 4 字节整数最小值,每输入一行计算一个行和,同时把最大值保存。输入列号,把数组指定列的和计算出来。注：由于是累加求和,因此行和、列和的初始值应该为 0。

程序：

```c
#include<stdio.h>
#include<stdlib.h>
#define NROWS 3
#define NCOLS 4
int main()
{
    int a[NROWS][NCOLS];
    int max = -2147683648,sumcol = 0,sumrow;
    int i,j,maxi,col;
    for(i = 0; i < NROWS; i++)
    {
        sumrow = 0;
        for(j = 0; j < NCOLS; j++)
        {
            scanf(" % d",&a[i][j]);
            sumrow += a[i][j];
        }
        if(max < sumrow)
        {
            max = sumrow;
            maxi = i;
        }
    }
    printf("which col sum will be caculated?(> 0)");
    scanf(" % d",&col);
    for(i = 0; i < NROWS; i ++)
        sumcol += a[i][col-1];
    printf("第 % d 行的和为最大值: % d\n",maxi + 1,max);
    printf("第 % d 列的和为: % d\n",col,sumcol);
    return 0;
}
```

(7) 输入一段文字,统计文字中指定字符的个数。

解析:用 gets()函数输入一字符串,并计算出该字符串的长度,利用循环比较字符串中的字符是否和给定(用 getchar()输入)字符相同,若相同,则字符个数累加 1,否则进入下一次循环。

程序:

```
#include<stdio.h>
#include<string.h>
#include<stdlib.h>
#define M 81
int main()
{
    char str[M];
    int i,count = 0;
    char ch;
    gets(str);
    printf("输入要查找的字符:");
    ch = getchar();
    for(i = 0; i < strlen(str); i++)
        if(ch == str[i])
            count++;
    printf("字符 %c 的数量是: %d\n",ch,count);
    system("pause");
    return 0;
}
```

(8) 假定输入的字符串中只包含字母和 * 号。请编写函数 fun(),它的功能是:除了字符串前导的 * 号之外,将串中其他 * 号全部删除。在编写函数时,不得使用 C 语言提供的字符串函数。例如,若字符串中的内容为 ****A*BC*DEF*G******* ,删除后,字符串中的内容则应当是 ****ABCDEFG。

解析:从左向右扫描,找到第一个不是 * 号的字符(找到相应的下标位置,如 j),将后面所有不是 * 号的都保存到数组中,直到结束,然后用结束符\0 存入数组的最后一个元素。

程序:

```
void fun(char x[])
{
    int i,j = 0;
    for(i = 0;i<strlen(x)&&x[i] == '*';i++)
    {
        x[j++] = x[i];
    }
    while(x[i])
    {
        if(x[i]!= '*')
            x[j++] = x[i];
        i++;
    }
    x[j] = '\0';
}
```

(9) 编写程序,寻找输入字符串中字符 ASCII 码值最大的字符,并统计其位置和出现的次数。

解析:用 gets()函数输入一字符串,用循环找出 ASCII 码最大的字符(保存在变量 ch 中),定义一个数组存放最大字符的下标(位置),再循环比较字符是否与最大的字符相同,若相同,则最大字符数累加 1,同时将下标保存到数组中;最后将最大字符的位置和个数输出。

程序:

```
# include <stdio.h>
# include <stdlib.h>
#define M 81
int main()
{   char str[M];
    int c[M];
    int i,count = 0;
    char ch = 0;
    gets(str);
    for(i = 0; i < strlen(str); i++)
      if(ch < str[i])
          ch = str[i];
    for(i = 0; i < strlen(str); i++)
      if(ch == str[i])
          a[count++] = i;
    for(i = 0;i < count;i++)
      printf(" %d ",a[i]);
    printf(" \nmax = %c ,count =   %d\n",ch,count);
    system("pause");
    return 0;
}
```

1.6 习 题 6

1. 单项选择题

(1) 变量的指针,其含义是指该变量的(　　)。
　　A. 值　　　　　　B. 起始地址　　　　C. 名　　　　　　D. 一个标志

答案:B

解析:C 语言中指针就是地址,变量的指针就是该变量在内存的起始地址。

(2) 已有定义 int k=2;int *ptr1,*ptr2;且 ptr1 和 ptr2 均已指向变量 k,下面不能正确执行的赋值语句是(　　)。
　　A. k= *ptr1+ *ptr2　　　　　　　　B. ptr2=k
　　C. ptr1=ptr2　　　　　　　　　　　D. k= *ptr1*(*ptr2)

答案:B

解析:要进行正确的赋值运算,赋值符号两端应该为同类型的变量。选项 A 是将指针变量 ptr1 和 ptr2 所指内存单元的内容取出来相加后再赋给变量 k;选项 B 中,左边是指针变量,右边是普通变量,类型不相符,所以不正确。

(3) 若有说明"int ＊p,m＝5,n;",以下程序段正确的是(　　)。

  A. p=&n;
   scanf("%d",&p);
  B. p = &n;
   scanf("%d",＊p);
  C. scanf("%d",&n);
   ＊p=n;
  D. p = &n;
   ＊p = m;

答案：D

解析：选项 A 中 p 指向变量 n(p 是变量 n 的指针),因此 scanf()函数中 p 不能再用取地址符；选项 B 中,＊p 表示取 p 所指向单元的内容,不能用取值运算符＊；选项 C 中指针变量 p 没有指向,不能将变量 n 的值赋给 p 所指向的单元中；选项 D 中先将指针变量 p 指向变量 n,再将 m 的值赋给 p 所指向的单元中(相当于 n＝m)。

(4) 已有变量定义和函数调用语句"int a＝25;print_value(&a);",下面函数的输出结果是(　　)。

```
void print_value(int ＊x)
{   printf("%d\n",++＊x); }
```

  A. 23　　　　B. 24　　　　C. 25　　　　D. 26

答案：D

解析：函数 print_value()是用指针变量作为函数参数,函数内部是将指针变量所指单元的值增加 1 输出,实参是变量 a 的地址,其本质就是将 a 的值增加 1 输出,因此应选 D。

(5) 若有说明"int ＊p1,＊p2,m＝5,n;",以下均是正确赋值语句的选项是(　　)。

  A. p1=&m;p2=&p1;
  B. p1=&m;p2=&n;＊p1=p2;
  C. p1=&m;p2=p1;
  D. p1=m;＊p1=＊p2;

答案：C

解析：选项 A 中将变量 m 的首地址(指针)赋给指针变量 p1,再将指针变量 p1 的首地址赋给 p2,由于 p1、p2 是同级指针,因此是错误的赋值。选项 B 中将 p2 赋给 p1 所指的内存单元,两端类型不同,是错误的赋值。选项 C 是先将 m 的首地址(指针)赋给指针变量 p1,再将 p1 的值赋给指针变量 p2,是正确的赋值。选项 D 中将 m 的值赋给指针变量 p1,两端类型不正确,是错误的赋值。

(6) 下面判断正确的是(　　)。

  A. char ＊a="china"; 等价于 char ＊a;＊a="china";
  B. char str[10]={"china"}; 等价于 char str[10];str[ ]={"china";}
  C. char ＊s="china"; 等价于 char ＊s; s="china";
  D. char c[4]="abc",d[4]="abc"; 等价于 char c[4]=d[4]="abc";

答案：C

解析：选项 A 中是定义一个指针变量 a,使 a 指向字符串"china"的起始地址,而在赋值语句中的＊a 表示 a 所指向位置的值,因此＊a="china"是错误的；选项 B 定义了 10 个元素的数组 str,存储字符串"china",但 str[ ]={"china";}是错误的赋值；选项 C 中定义了指针变量 s 的同时并指向字符串"china"的起始地址,相当于先定义指针变量,然后再使指针变量指向字符串"china"的起始地址,因此该选项是正确的；选项 D 中 char c[4]=d[4]=

"abc"的定义是错误的。

(7) 下面能正确进行字符串赋值操作的是(　　)。

　　A. char s[5]={"ABCDE"};
　　B. char s[5]={'A','B','C','D','E'};
　　C. char * s; s="ABCDE";
　　D. char * s; scanf("％s",s);

答案：C

解析：选项A定义的数组长度不够,因后面字符串需要6字节;选项B中数组s不是存放的字符串,因字符串必须用'\0'表示结束;选项C中定义指针变量s的同时并指向字符串"ABCDE"的起始地址,是正确的操作;选项D中指针变量s没有具体指向,不能使用。

(8) 下面程序段的运行结果是(　　)。

```
char * s = "abcde";
s += 2; printf("％s",s);
```

　　A. cde　　　　　　　　　　　　　B. 字符'c'
　　C. 字符'c'的地址　　　　　　　　D. 不确定

答案：A

解析：指针变量s指向字符串"abcde"的起始位置(即字符a的位置),s+=2后s指向字符c所在的位置,执行printf("％s",s)就是从s指向的位置开始直到遇到第一个结束符,因此应输出字符串cde。

(9) 设p1和p2是指向同一个字符串的指针变量,c为字符变量,则以下能正确执行的赋值语句是(　　)。

　　A. c= * p1＋ * p2　　　　　　　　B. p2＝c
　　C. p1=p2　　　　　　　　　　　　D. c= * p1 * (* p2)

答案：C

解析：因指针变量p1和p2都指向同一字符串, * p1和 * p2的值是某个字符,由于字符的ASCII码值为0～127,因此 * p1＋ * p2或 * p1 * (* p2)的值可能超过127,这样得到的字符变量c的值可能没有意义,因此选项A和D不能保证正确;选项B中是将字符变量c的值赋给指针变量p2,类型不正确;选项C将两个同级的有指向的指针赋值,是正确的。

(10) 设有程序段 char s[ ]="china"; char * p; p＝s;则下面叙述正确的是(　　)。

　　A. s和p完全相同
　　B. 数组s中的内容和指针变量p中的内容相等
　　C. s数组长度和p所指向的字符串长度相等
　　D. * p与s[0]相等

答案：D

解析：char s[ ]="china"表示定义了长度为6的字符数组s,s[0]的值是字符c,char * p; p＝s定义了一个指针变量p且p指向数组s的起始位置;选项A中s是数组,其占用内存的大小为6字节,p是指针变量,存储变量的地址,占用4字节的内存;选项B中s的内容是字符串"china",而p中的内容是字符串"china"的起始地址;选项C中数组s的长度是

6,指针 p 所指字符串的长度是 5(注:字符串长度不包含结束符);选项 D 中 *p 的值是字符 c,s[0]的值也是字符 c,因此选项 D 正确。

(11) 下面程序段的运行结果是( )。

```
char a[ ] = "language" , * p;
p = a;
while( * p!= 'u') { printf(" % c", * p - 32); p++; }
```

  A. LANGUAGE   B. language
  C. LANG   D. langUAGE

答案:C

解析:指针变量开始指向数组 a,当 *p 的值不为字符 u 时,将字母转换为大写输出,同时指针往后移动一个存储位置,直到 *p 值为 u 结束循环,则输出 lang 对应的大写字母 LANG,选项 C 正确。

(12) 若已定义 char s[10];则在下面表达式中不表示 s[1]的地址是( )。

  A. s+1   B. ++s   C. &s[0]+1   D. &s[1]

答案:B

解析:在 C 语言中,数组名是一个地址常量,表示该数组的起始地址;数组元素 s[1]的地址可表示为 &s[1]、s+1、&s[0]+1,而 ++s 是错误的运算表达式(因 s 是常量,不能进行自增自减运算)。

(13) 若有定义 int(* p)[4];则标识符 p( )。

  A. 是一个指向整型变量的指针
  B. 是一个指针数组名
  C. 是一个指针,它指向一个含有 4 个整型元素的一维数组
  D. 定义不合法

答案:C

解析:在 C 语言中,语句 int(* p)[4];表示定义了一个行指针(指向一个有 4 个整型元素的一维数组的指针),因此选项 C 正确。

(14) 若要对 a 进行自增运算,则 a 应具有下面的说明( )。

  A. int a[3][2];   B. char * a[ ]={ "12","ab"};
  C. char(* a) [3]   D. int b[10] , * a=b;

答案:D

解析:要对指针进行自增运算,a 必须是指针变量,且要指向连续的存储区域(自增运算才有意义);选项 A 中 a 为数组名,是地址常量;选项 B 中定义了一个指针数组,a 为指针数组的数组名,也是地址常量;选项 C 中定义了一个行指针变量 a,但没有指向连续存储区域;选项 D 中先定义了有 10 个元素的数组 b,指针变量 a 指向数组 b 的起始位置,因此自增运算有意义。

(15) 若有定义 int w[3][5];则以下不能正确表示该数组元素的表达式是( )。

  A. *(&w[0][0]+1)   B. *(* w+3)
  C. *(*(w+1))   D. *(w+1)[4]

答案:D

解析：用指针形式表示二维数组的一般形式为 *(*(w+i)+j)。选项 A 表示 w[0][1]，选项 B 表示 w[0][3]，选项 C 表示 w[1][0]，而选项 D 的正确写法应该为(*(w+1))[4]，才可表示为 w[1][4]。因此本题选 D。

(16) 已有函数 max(a,b)，为了让函数指针变量 p 指向函数 max，正确的赋值方法是(　　)。

  A．p＝max;　 B．p＝max(a,b);
  C．*p＝max;　 D．*p＝max(a,b);

答案：A

解析：函数的指针定义形式为：数据类型(*变量名)()，表示函数的入口地址，要使该指针指向函数的入口位置，必须将函数名赋给函数指针变量，因此选项 A 正确。

(17) 以下叙述正确的是(　　)。

  A．C 语言允许 main()函数带形参，且形参个数和形参名均可由用户指定
  B．C 语言允许 main()函数带形参，形参名只能是 argc 和 argv
  C．当 main()函数带有形参时，传给形参的值只能从命令行中得到
  D．若有说明 int main(int argc,char **argv)，则 argc 的值必须大于 1

答案：C

解析：C 语言中 main()函数的参数是从命令行中自动获取的，当没有参数时，表示程序文件本身，因此参数的个数至少为 1。选项 A 中参数不应该由用户指定，是自动从命令行获取的；选项 B 中参数名不一定是 argc 和 argv，只要对应的类型正确就可以；选项 D 中 argc 的值必须大于 1 是不正确的，当只有程序文件名时，argc 的值为 1。

2．填空题

(1) 在 C 程序中，指针变量能够赋＿＿＿＿值或＿＿＿＿值。

答案：常量(0 或数组名)，变量地址

解析：C 语言中的指针变量可以赋值常量(其中 0 表示空指针，数组名表示该指针指向数组的起始位置)，也可以将一个同类型的变量地址赋给指针变量，表示该指针存储或指向该变量的起始存储位置。

(2) 在 C 语言中，数组名是一个不可改变的＿＿＿＿，不能对它进行赋值运算。

答案：指针(或地址常量)

解析：C 语言中的数组名是一个地址常量，表示该数组在内存中的起始位置。

(3) 若有定义语句"int a[4]＝{0,1,2,3}，*p; p＝&a[1];"，则++(*p)的值是＿＿＿＿。

答案：2

解析：指针变量 p 指向数组元素 a[1]，*p 就 a[1]的值，++(*p)就相当于 a[1]的值增加 1，因此本空应填 2。

(4) 若有定义语句"int a[2][3]＝{2,4,6,8,10,12};"，则 *(&a[0][0]+2*2+1)的值是＿＿＿＿，*(a[1]+2)的值是＿＿＿＿。

答案：12，12

解析：C 语言中二维数组是按行优先存储的，(&a[0][0]+2*2+1)就是从 a[0][0]的存储位置向后面移动 5 个存储位置，正好是 a[1][2]的位置，因此 *(&a[0][0]+2*2+1)

就是 a[1][2];*(a[1]+2)展开可表示为*(*(a+1)+2),正好也是 a[1][2]。

(5) 若有程序段:

```
int * p[3],a[6],i;
for(i = 0; i < 3; i++) p[i] = &a[2 * i];
```

则*p[0]引用的是 a 数组元素_____,*(p[1]+1)引用的是 a 数组元素_____。

答案:a[0],a[3]

解析:p 是指针数组(即定义了 3 个指针 p[0]、p[1]、p[2]),p[0]=&a[0],p[1]=&a[2],p[2]=&a[4],因此*p[0]就是 a[0],*(p[1]+1)就是*(&a[2]+1)(由于数组是连续存储),本质就是 a[3]。

3. 程序阅读题

(1) 下面程序的运行结果是_____。

```c
#include <stdio.h>
int fun(char *,char ,int);
int main()
{
    char c[6];
    int i;
    for(i = 1; i <= 5; i++) *(c + i) = 'A' + i + 1;
    printf("%d\n",fun(c, 'E',5));
    return 0;
}
int fun(char * s,char a,int n)
{
    int j;
    *s = a; j = n;
    while(*s < s[j]) j--;
    return j;
}
```

答案:3

解析:函数 fun()是从字符数组 s 中下标为 n 的位置开始向前找到小于或等于字符变量 a 的位置 j。主函数中数组 c 的元素值为{'\0','C','D','E','F','G'},函数调用语句 fun(c,'E',5)就是从 s[5]开始向前找到小于或等于字符 E 的下标,正好是 3。

(2) 下面程序的运行结果是_____。

```c
#include <stdio.h>
#include <stdlib.h>
int fun(char *);
int main()
{
    char * a = "abcdef";
    printf("%d\n",fun(a));
    return 0;
}
int fun(char * s)
```

```
{
    char *p = s;
    while( *p) p++;
    return(p - s);
}
```

答案：6

解析：函数 fun()是将指向字符串最后的指针 p 与指向起始位置指针 s 相减,其本质就是求字符串 s 的长度。主函数中字符指针 a 指向的字符串的长度为 6。

(3) 下面程序的运行结果是_____。

```
#include <stdio.h>
#include <stdlib.h>
void sub(char *, int, int);
int main()
{
    char s[12];
    int i;
    for(i = 0; i < 12; i++)
        s[i] = 'A' + i + 32;
    sub(s,7,11);
    for(i = 0; i < 12; i++)
        printf("%c",s[i]);
    printf("\n");
    system("pause");
    return 0;
}
void sub(char *a, int t1, int t2)
{
    char ch;
    while(t1 < t2)
    {
        ch = *(a + t1);
        *(a + t1) = *(a + t2);
        *(a + t2) = ch;
        t1++;
        t2--;
    }
}
```

答案：abcdefglkjih

解析：函数 sub()是将字符指针所指向的字符串,从 t1 到 t2 位置的字符进行首尾交换,直到 t1 和 t2 的位置相同。主函数中数组 s 中的元素为{'a','b','c','d','e','f','g','h','i','j','k','l'},函数调用 sub(s,7,11)是将 s 中的元素从下标为 7 到 11 的元素进行首尾交换。最后输出得到 abcdefglkjih。

(4) 当运行以下程序时,输入___6↙___的程序运行结果是_____。

```
#include <stdio.h>
#include <stdlib.h>
```

```
void fun(char * ,char   );
int main()
{
    char s[ ] = "97531",c;
    c = getchar();
    fun(s,c);
    puts(s);
    system("pause");
    return 0;
}
void fun(char * a,char b)
{
    while( * (a++)!= '\0');
    while( * (a-1)< b)
        * (a-- ) = * (a-1);
    * (a-- ) = b;
}
```

答案：976531

解析：函数 fun() 的第一个 while 循环是将指针 a 移到字符串的结束符位置；第二个 while 循环是从字符串的最后一个字符开始和字符变量 b 进行比较：若小于 b，则将字符串的字符保存到后一个位置，指针向字符串前面后退一个位置；若大于或等于 b 则循环结束，然后将 b 中存储的字符插入该位置。主函数中字符串为"97531"，c＝'6'，因此输出结果为 976531。

(5) 当运行以下程序时，输入＿＿9,5↙＿＿的程序运行结果是＿＿＿＿＿＿。

```
#include< stdio.h>
#include< stdlib.h>
void swap(int  * p1, int   * p2);
int main()
{
    int a,b;
    int * pa, * pb;
    scanf(" % d, % d",&a,&b);
    pa = &a;   pb = &b;
    swap(pa,pb);
    printf("\n% d, % d\n",a,b);
    system("pause");
    return 0;
}
void swap(int   * p1, int    * p2)
{   int p;
    p = * p1;
    * p1 = * p2;
    * p2 = p;
}
```

答案：5,9

解析：函数 swap() 是指针变量作为函数参数，并将两个指针指向的内存单元的内容进行交换。主函数中用变量 a,b 的地址作为实参，由于是指针作为函数参数，因此形参和实参是相同的内存单元，则形参对应内存单元的值改变，实参对应内存单元的值也将改变，输出结果为 a=5,b=9。

(6) 下面程序的功能是_____。

```c
#include<stdio.h>
#include<stdlib.h>
void inv(int *, int );
int main()
{
    int i,a[10]={3,7,9,11,0,6,7,5,4,2};
    inv(a,10);
    for(i=0;i<10;i++)
    printf(" %d",a[i]);
    printf("\n");
    system("pause");
    return 0;
}
void inv(int *x, int n)
{
    int t,*p,*i,*j,m=(n-1)/2;
    i=x;   j=x+n-1;   p=x+m;
    for(;i<=p;i++,j--)
    {
        t=*i;
        *i=*j;
        *j=t;
    }
}
```

答案：将数组 a 中的元素值首尾交换并存储在数组中

解析：函数 inv()中，指针变量 i 指向数组的起始位置,指针变量 j 指向数组的最后一个元素,p 指向数组的中间位置,指针变量 i 和 j 分别向后移动和向前移动,并同时将所指向元素的值进行交换,直到 i 移到中间位置 p。

(7) 下面程序运行的结果是_____。

```c
#include<stdio.h>
#include<stdlib.h>
void fun(char *,char * );
int main()
{
    char a[30]="I am a teacher.";
    char b[30]="You are a student.";
    printf("string_a=%s\nstring_b=%s\n",a,b);
    fun(a,b);
    printf("\nstring_a=%s\nstring_b=%s\n",a,b);
    system("pause");
    return 0;
}
void fun(char *from,char *to)
{
    for(;*from!='\0';from++,to++)
```

```
    * to = * from;
    * to = '\0';
}
```

答案:

string_a=I am a teacher.

string_b=You are a student.

string_a=I am a teacher.

string_b=I am a teacher.

解析：函数 fun()的功能是将指针 from 所指向的字符串复制到指针 to 所指向的位置，赋值结束后用 * to='\0'表示字符串结束。主函数中调用 fun(a,b)是将数组 a 中存放的字符串复制到数组 b 中。

4. 程序填空题

(1) 下面函数的功能是将一个整数字符串转换为一个整数，例如，将"1234"转换为 1234，请填空使程序完整。

```
int chnum(char * p)
{
    int num = 0,k,len,j;
    len = strlen(p);
    for(;_____; p++)
    {
        k = _____;
        j = ( -- len);
        while(_____)k = k * 10;
        num = num + k;
    }
    return(num);
}
```

答案：* p!= '\0', * p-'0', j--

解析：函数 chnum()中将指针 p 所指的字符串从第一个字符开始，利用 * p-'0'将数字字符转换为数字，直到字符串结束；因此第一空填 * p!='\0'或 * p，变量 k 表示对应数字字符转换为的数字，则第二空应填 * p-'0'；由于是高位数字先转换，则要将转换后的数字 k 不断乘以 10，根据在不同的数位确定乘以 10 的数目，j 表示当前的数位，因此第三空填 j--。

(2) 下面函数的功能是统计子串 substr 在母串 str 中出现的次数，请填空使程序完整。

```
int count(char * str, char * substr)
{
    int i,j,k,num = 0;
    for(i = 0;_____ ; i++)
        for(_____, k = 0; substr[k] == str[j]; k++, j++)
            if(substr [_____] == '\0')
            {
                num++;
                break;
```

```
        }
        return(num);
}
```

答案：i<strlen(str),j=i,k+1

解析：指针 str 所指向的母串用 i 作为循环控制变量,指针 substr 所指的子串用 k 作为控制变量,对于每个 str[i],扫描其后面几个字符是否构成子串,若是则计数加 1,否则 i 移至下一个位置。具体做法是：j 从 i 开始,比较母串与子串中的字符,若 str[i] 及其后续有字符与子串 substr[k] 中对应字符都相等,则表示 str[i] 开头的即为子串的开始,否则 str[i] 开头的就不是子串,这时 i 移至下一位置继续比较,直到字符串结束。第一空要直到 str 所指字符串结束,因此应填 i<strlen(str) 或 str[i] 或 str[i]!=0；第二空填 j=i,表示从字符串 str 的当前位置开始查找；第三空表示子串 substr 到结束(即找到一个子串),则可以填 k+1 或 k。

(3) 下面函数的功能是用递归法将一个整数存放到一个字符数组中,存放时按逆序存放。例如将 483 存放成"384",请填空使程序完整。

```
void convert(char *a, int n)
{
    int i;
    if((i = n/10)!= 0) convert(_____,i);
    *a = _____;
}
```

答案：a+1,(char)(n%10)+'0'

解析：要将数值转换为相应的字符,采用数位分离(除以 10 取余,整除 10),再将每位数字和字符 0 相加得到相应的数字字符。第一空是递归调用 convert() 函数,将整除 10 后所得的商作为函数参数,同时指针向后移动一个存储单元,因此应填 a+1；第二空是将每位数字和字符 0 相加,转为数字字符,则应填(n%10)+'0' 或(char)(n%10)+'0'。

(4) 下面函数的功能是用递归法求数组中的最大值及下标值,请填空使程序完整。

```
void findmax(int *a,int n,int i,int *pk)
{
    if(i<n)
    {
        if(a[i]>a[*pk])_____;
        findmax(_____);
    }
}
```

答案：*pk = i,a,n,i+1,pk

解析：函数 findmax() 参数中 a 表示指向数组的指针变量,pk 是存放最大值的下标地址,n 是数组元素个数,i 是下标控制变量；若 a[i]>a[*pk],则下标改变为 i,因此第一空填 *pk=i；然后递归调用,比较下一个元素,则第二空填 a,n,i+1,pk。

(5) 下面函数的功能是将两个字符串 s1 和 s2 连接起来。请填空使程序完整。

```
void conj(char *s1,char *s2)
```

```
{
    char * p = s1;
    while( * s1)_____;
    while( * s2)
    {
        * s1 = _____;
        s1++,s2++;
    }
    * s1 = '\0';
}
```

答案：s1++，* s2

解析：将指针变量 s2 指向的字符串连接到 s1 所指向的字符串后面，首先要将指针 s1 移到字符串最后，然后将 s2 所指字符串的字符赋值给 s1 所指的位置，同时指针变量 s1、s2 向后移动；第一空填 s1++，第二空填 * s2。

5. 编程题

(1) 定义三个整数及指向整数的指针，仅用指针方法按由小到大的顺序输出。

解析：定义三个指针变量，分别指向存储三个整数的变量的指针(起始地址)，然后将一个指针变量所指向单元的内容与其余两个指针变量所指单元的内容比较，找到内容(值)最小的，将其内容交换(存储于第一指针变量所指向的存储单元)，然后比较另外两个指针变量所指单元的内容，将值较小的存储在第二个指针变量所指向的存储单元，较大的存储在第三个指针变量所指向的存储单元。

程序：

```
#include <stdio.h>
int main()
{
    int a,b,c;
    int * ptra = &a, * ptrb = &b, * ptrc = &c;
    int temp;
    scanf("%d %d %d",&a,&b,&c);
    printf("a = %d,b = %d,c = %d\n",a,b,c);
    printf(" * ptra = %d, * ptrb = %d, * ptrc = %d\n", * ptra, * ptrb, * ptrc);
    if( * ptra > * ptrb)
    {
        temp = * ptra;
        * ptra = * ptrb;
        * ptrb = temp;
    }
    if( * ptra > * ptrc)
    {
        temp = * ptra;
        * ptra = * ptrc;
        * ptrc = temp;
    }
    if( * ptrb > * ptrc)
    {
        temp = * ptrb;
```

```
            *ptrb = *ptrc;
            *ptrc = temp;
        }
        printf("a=%d,b=%d,c=%d\n",a,b,c);
        printf("*ptra=%d,*ptrb=%d,*ptrc=%d\n",*ptra,*ptrb,*ptrc);
        return 0;
    }
```

(2) 输入 10 个整数,将其中最小的数与第一个数对换,把最大的数与最后一个数对换。写三个函数:①输入 10 个数;②进行处理;③输出 10 个数。所有函数的参数均用指针。

解析:三个函数的参数都是(int *a,int n),表示存储 10 个数的首地址和数据的数量,输入函数中的 scanf()函数可用 scanf("%d",a+i)形式;处理函数中分别找到最大值和最小值并用两个整型变量保存它们的下标,然后分别将最小值与第一个元素交换、最大值与最后一个元素交换。输出函数中利用 printf()函数输出,其格式为 printf("%4d",*ptr++)。主函数中调用三个函数(其中输出函数调用两次,输入数据后调用一次,处理数据后再调用一次,便于比较数据)。

程序:

```
#include<stdio.h>
#include<stdlib.h>
#define N 10
void inputdata(int *a,int n);
void process(int *a,int n);
void outputdata(int *a,int n);
int main()
{
    int a[N],n=N;
    inputdata(a,n);
    outputdata(a,n);
    process(a,n);
    outputdata(a,n);
    return 0;
}
void inputdata(int *a,int n)
{
    int i;
    for(i = 0; i < n; i++)
        scanf("%d",a+i);
}
void outputdata(int *ptr,int n)
{
    int i;
    printf("\n========== OutPut Data Start ============\n");
    for(i = 0; i < n; i++)
        printf("%4d",*ptr++);
    printf("\n========== OutPut Data End ===============\n");
}
void process(int *ptr,int n)
{
```

```
    int i,maxi,mini;
    int max = *ptr,min = *ptr;
    for(i = 0;i < n;i++)
    {
        if(max < *(ptr + i))
        {
            max = *(ptr + i);
            maxi = i;
        }
        if(min > *(ptr + i))
        {
            min = ptr[i];
            mini = i;
        }
    }
    if(mini!= 0)
    {
        i = ptr[0];
        ptr[0] = ptr[mini];
        ptr[mini] = i;
    }
    if(maxi!= n - 1)
    {
        i = ptr[n - 1];
        ptr[n - 1] = ptr[maxi];
        ptr[maxi] = i;
    }
    if(maxi == 0&&mini == n - 1)
    {
        i = ptr[maxi];
        ptr[maxi] = ptr[mini];
        ptr[mini] = i;
    }
}
```

(3) 编写一个求字符串长度的函数(参数用指针)，在主函数中输入字符串，并输出其长度。

解析：有两种方法，第一种是函数中用一个指针变量来指向形参指针所指的字符串，用循环语句将指针变量指向字符串最后，然后将指向字符串的首尾指针相减即得字符串长度；第二种是用一个初值为 0 的整型变量，循环移动指向字符串的指针变量，只要没有指向字符串最后，整型变量就自加 1，返回这个整型变量的值即可。

程序：

```
#include<stdio.h>
int strLength(char *);
int main()
{
    char str[81];
    gets(str);
```

```c
    printf("string \"%s\" length:%3d\n",str,strLength(str));
    return 0;
}
```

第一种：

```c
int strLength(char *s)
{
    char *p = s;
    while(*p) p++;
    return(p - s);
}
```

第二种：

```c
int strLength(char *s)
{
    int count = 0;
    while(*s++) count++;
    return count;
}
```

(4) 编写一个函数(参数用指针)将一个 M×N 矩阵转置。

解析：矩阵转置是将一个矩阵的行和列变为另一个矩阵的列和行，因此可以定义两个二维数组 a[M][N]和 t[N][M]，利用二重循环实现 t[i][j]＝a[j][i]。如果用函数来实现，参数可用两个行指针(int(*a)[N], int(*t)[M])。

程序：

```c
#include <stdio.h>
#include <stdlib.h>
#define M 3
#define N 4
void Transpose(int(*a)[N],int(*t)[M]);
int main()
{
    int a[M][N],t[N][M];
    int i,j;
    for(i = 0; i < M; i++)
        for(j = 0; j < N; j++)
            scanf("%d",&a[i][j]);
    printf("\n====== Oringinal Matrix Start ========= \n");
    for(i = 0; i < M; i ++)
    {
        for(j = 0; j < N; j++)
            printf("%4d",a[i][j]);
        printf("\n");
    }
    printf("\n====== Oringinal Matrix End =========== \n");
    Transpose(a, t);
    printf("\n====== Transpose Matrix Start ========= \n");
    for(i = 0; i < N; i ++)
```

```
        {
            for(j = 0; j < M; j++)
                printf("%4d",t[i][j]);
            printf("\n");
        }
        printf("\n====== Transpose Matrix End ========== \n");
        system("pause");
        return 0;
    }
    void Transpose(int(*a)[N],int(*t)[M])
    {
        int i,j;
        for(i = 0; i < N; i++)
            for(j = 0; j < M; j++)
                t[i][j] = a[j][i];
    }
```

(5) 编写函数原型为 int Strcmp(char * s1,char * s2); 的函数,该函数实现两个字符串的比较。

解析:比较两个字符串的大小就是比较两个字符串对应位置字符的 ASCII 的大小,一旦不同就结束比较(循环继续条件是两个字符串都没有结束和对应位置的字符相同),并根据对应位置字符的 ASCII 码之差大于 0(前面字符串大)、等于 0(两个字符串相等)和小于 0(前面字符串小)来决定字符串的大小。

程序:

```
#include<stdio.h>
#include<stdlib.h>
int Strcmp(char * s,char * t);
int main()
{
    char source[81],target[81];
    int result;
    gets(source);
    gets(target);
    result = Strcmp(source,target);
    if(result)
    {
        if(result < 0)
            printf("%s < %s\n",source,target);
        else
            printf("%s > %s\n",source,target);
    }
    else
        printf("%s = %s\n",source,target);
    system("pause");
    return 0;
}
int Strcmp(char * s,char * t)
{
```

```c
    while( * s&& * t&&( * s == * t))
    {
        s++;
        t++;
    }
    return * s - * t;
}
```

(6) 规定输入的字符串中只包含字母和 * 号。用函数调用方式编程实现：使字符串中前导的 * 号不多于 n 个，若多于 n 个，则删除多余的 * 号；若少于或等于 n 个，则不做任何操作，字符串中间和前面的 * 号不删除。例如，字符串内容为 ****** A * BC * DEF **** * ，n 为 4，则处理后的字符串应为 **** A * BC * DEF *****。若 n 为 8，则处理后的字符串为 ****** A * BC * DEF *****。

解析：字符串中前导 * 号不能多于 n 个，多余的应删除。首先需要通过 while 循环统计前导 * 号的个数（用 k 来保存），然后比较 k 和 n，若 k 大于 n，则需要把 n 个 * 号和其余字符重新保存。

程序：

```c
#include<stdio.h>
#include<stdlib.h>
void fun(char * ,int);
int main()
{
    char str[81];
    int n;
    gets(str);
    scanf(" % d",&n);
    fun(str,n);
    printf("删除以后的字符串:\n");
    puts(str);
    system("pause");
    return 0;
}
void fun(char * s,int n)
{
    int i = 0,k = 0;
    char * p, * t;
    p = t = s;
    while( * t == '*')
    {
        k++;                              /* 统计前导 * 号数 */
        t++;
    }
    if(k > n)
    {
        while( * p)
        {
            s[i] = * (p + k - n);
            i++;
```

```
        p++;
    }
    s[i] = 0;
  }
}
```

(7) 假定输入的字符串中只包含字母和 * 号。编写函数 fun(),它的功能是:除了字符串前导的 * 号之外,将串中其他 * 号全部删除。在编写函数时,不得使用 C 语言提供的字符串函数。例如,若字符串中的内容为 ****A*BC*DEF*G*******,删除后,字符串中的内容则应当是 ****ABCDEFG。

解析:定义一个指针变量指向字符串的起始位置,向后移动指针变量,找到第一个不是 * 号的字符(将前面所有 * 号赋给原指向字符串的指针),将后面所有不是 * 号的都赋值给原指向字符串的指针,直到结束,然后用结束符\0 赋给新得到的字符串最后。

程序:

```
void fun(char * x)
{
    int i, j = 0;
    char * p;
    p = x;
    while( * p == ' * ')
    {
        * x++ = * p++;
    }
    while( * p)
    {
        if( * p!= ' * ')
            * x++ = * p;
        p++;
    }
    * x = '\0';
}
```

1.7 习 题 7

1. 单项选择题

(1) 以下叙述不正确的是(　　)。

　　A. 预处理命令行都必须以 # 开始

　　B. 在程序中凡是以 # 开始的语句行都是预处理命令行

　　C. C 程序在执行过程中对预处理命令行进行处理

　　D. 预处理命令行可以出现在 C 程序中任意一行上

答案:C

解析:C 语言的预处理(或预编译)都必须以符号 # 开始,而且每条预处理命令必须单独占一行,可以在程序中的任意一行上,同时预处理是在编译之前由预编译器完成的,它不占用编译时间和运行时间,因此选项 C 的描述是错误的。

(2) 以下叙述中正确的是(　　)。
　　A. 在程序的一行上可以出现多个有效的预处理命令行
　　B. 使用带参数的宏时,参数的类型应与宏定义时的一致
　　C. 宏替换不占用运行时间,只占用预编译时间
　　D. C语言的编译预处理就是对源程序进行初步的语法检查

答案：C

解析：C语言的每条预处理命令必须单独占一行,带参数的宏中,参数是没有数据类型的(这是与函数参数不同的),宏替换是不占运行时间和正常的程序编译时间的(是在正式编译之前由预编译器完成的),而且C语言的预处理是不对语句进行语法检查(在正式编译阶段才进行语法检查),因此选项C是正确的。

(3) 以下有关宏替换的叙述不正确的是(　　)。
　　A. 宏替换不占用运行时间　　　　B. 宏名无类型
　　C. 宏替换只是字符串替换　　　　D. 宏名必须用大写字母表示

答案：D

解析：宏替换不占用运行时间,只占用预编译时间；宏名没有数据类型,只是简单的字符串替换；为了便于和普通的变量区别,一般用大写字母作为宏名,当然也可以用小写字母作为宏名。因此应选D。

(4) 在"文件包含"预处理命令形式中,当♯include后面的文件名用""(双引号)括起时,寻找被包含文件的方式是(　　)。
　　A. 直接按系统设定的标准方式搜索目录
　　B. 先在源程序所在目录中搜索,再按系统设定的标准方式搜索
　　C. 仅搜索源程序所在目录
　　D. 仅搜索当前目录

答案：B

解析：C语言中,当♯include后面的文件名用双引号括起来,表示先在程序的工作目录(文件夹)中搜索文件,如果没有找到,再到编译系统设定的目录(文件夹,一般为include文件夹)中搜索,因此应选B。

(5) 在"文件包含"预处理命令形式中,当♯include后的文件名用<>(尖括号)括起时,寻找被包含文件的方式是(　　)。
　　A. 直接按系统设定的标准方式搜索目录
　　B. 先在源程序所在目录中搜索,再按系统设定的标准方式搜索
　　C. 仅搜索源程序所在目录
　　D. 仅搜索当前目录

答案：A

解析：C语言中,当♯include后面的文件名用<>括起来,表示直接到编译系统设定的目录(文件夹,一般为include文件夹)中搜索,因此应选A。

(6) 在宏定义♯define PI 3.1415926中,用宏名PI代替一个(　　)。
　　A. 单精度数　　　　B. 双精度数　　　　C. 常量　　　　D. 字符串

答案：D

解析：C 语言中的宏定义,其本质就是用一个不带引号的字符串替换宏名,因此应选 D。

(7) 以下程序的运行结果是( )。

```
#include<stdio.h>
#include<stdlib.h>
#define ADD(x) x+x
int main()
{
    int m=1,n=2,k=3,sum;
    sum = ADD(m+n)*k;
    printf("%d\n",sum);
    system("pause");
    return 0;
}
```

A. 9　　　　　B. 10　　　　　C. 12　　　　　D. 18

答案：B

解析：将带参数的宏定义展开可得 ADD(m+n)*k=m+n+m+n*k,将各变量的值代入求得 sum=10,则应选 B。

(8) 以下程序的运行结果是( )。

```
#include<stdio.h>
#include<stdlib.h>
#define MIN(x,y)(x)>(y)?(x):(y)
int main()
{
    int i=10, j=15, k;
    k = 10*MIN(i,j);
    printf("%d\n",k);
    system("pause");
    return 0;
}
```

A. 10　　　　　B. 15　　　　　C. 100　　　　　D. 150

答案：A

解析：将 k=10*MIN(i,j)展开得 k=10*(i)>(j)?(i):(j),根据运算符得优先级,先计算 10*(i),将变量值代入上式后变为 k=100>(15)?(10):(15),则 k=10。

(9) 以下程序的运行结果是( )。

```
#include<stdio.h>
#include<stdlib.h>
#define X 5
#define Y X+1
#define Z Y*X/2
int main()
{
    int a=Y;
    printf("%d\n",Z);
```

```
        printf("%d\n", --a);
        system("pause");
        return 0;
}
```

  A. 7   B. 12   C. 12   D. 7
    6   6   5   5

答案：D

解析：这是嵌套的宏定义，a=Y=X+1=5+1=6，--a 为 5；Z=Y*X/2=X+1*X/2=5+1*5/2=7；因此应选 D。

(10) 若有定义

```
#define N 2
#define Y(n) ((N+1)*n)
```

则执行语句 z=2*(N+Y(5));后，z 的值为(　　)。

  A. 语句有错误   B. 34   C. 70   D. 无确定值

答案：B

解析：Y(5)=((2+1)*5)，则 z=2*(2+((2+1)*5))=34，因此应选 B。

(11) 若有定义 #define MOD(x,y) x%y，则执行下面语句后的输出为(　　)。

```
int z,a = 15;
double b = 100;
z = MOD(b,a);
printf("%d\n",z++);
```

  A. 11   B. 10   C. 6   D. 有语法错误

答案：D

解析：z=b%a，C 语言中运算符%要求两端的运算对象的数据类型都必须为整数，由于 b 是浮点数，因此该表达式是不合法的，则应选 D。

(12) 在任何情况下计算平方数都不会引起二义性的宏定义是(　　)。

  A. #define POWER(x) x*x   B. #define POWER(x) (x)*(x)
  C. #define POWER(x) (x*x)   D. #define POWER(x) ((x)*(x))

答案：D

解析：在进行带参数的宏定义时，要确保运算过程没有二义性，应对被替换字符串中的每个形参都加上括号；因此应选 D。

(13) 以下程序的运行结果是(　　)。

```
#include<stdio.h>
#include<stdlib.h>
#define DOUBLE(r) r*r
int main()
{
    int x = 1,y = 2,t;
    t = DOUBLE(x+y);
    printf("%d\n",t);
    system("pause");
```

```
        return 0;
    }
```
  A. 5   B. 6   C. 7   D. 8

答案：A

解析：t=DOUBLE(x+y)=x+y*x+y=1+2*1+2=5

2. 判断题

(1) 宏替换时先求出实参表达式的值，然后代入形参运算求值。（　　）

答案：错误

解析：C语言中的宏替换是先进行简单的字符串替换后，再进行编译，求实参表达式的值是在程序运行阶段完成的。

(2) 宏替换不存在类型问题，它的参数也是无类型的。（　　）

答案：正确

解析：C语言中带参数的宏替换中的参数是没有数据类型的，因此比函数调用更节约内存。

(3) 在C语言标准库头文件中，包含许多系统函数的原型声明，因此只要程序中使用了这些函数，则应包含这些头文件，以便编译系统能对这些函数调用进行检查。（　　）

答案：正确

解析：C语言提供的库函数（系统函数）在对应的头文件中都用相应的函数声明，这样在编译的时候才不发生语法错误，而函数的定义却在系统提供的库文件中。

(4) . H头文件只能由编译系统提供。（　　）

答案：错误

解析：在C语言中，除了系统提供的头文件(.h)外，程序员也可以将自己编写的、经常调用的功能模块（函数）保存为.h文件，避免在每个程序中添加相同功能的程序，这样可以使程序更加简洁、清晰、易读。

(5) #include命令可以包含一个含有函数定义的C语言源程序文件。（　　）

答案：正确

解析：在C语言中，为了使程序简洁、清晰，常把频繁调用的函数源程序，作为一个头文件保存在指定的文件夹（目录）中，利用#include命令嵌入程序中。

(6) 使用#include<文件名>命令的形式比使用#include"文件名"的形式更节省编译时间。（　　）

答案：错误

解析：用#include<文件名>形式虽然更直接，但并不占用编译时间，C语言中的预处理是在编译前由预编译器完成的。

(7) #include "C:\\USER\\F1. H"是正确包含命令，表示文件F1. H存放在C盘的USER目录下。（　　）

答案：正确

解析：C语言中的#include"文件名"文件包含形式，其中文件名可以包含文件的路径。

(8) #include <…>命令中的文件名是不能包括路径的。（　　）

答案：错误

解析：在 C 语言中，♯include <…>形式的包含文件可以包含路径，如 ♯include < e：\devcpp\a.c>表示把在 E 盘的 DEVCPP 文件夹下面的 a.c 文件嵌入到当前程序中来。

（9）可以使用条件编译命令来选择某部分程序是否被编译。（　　）

答案：正确

解析：C 语言中的预编译指令是在编译之前进行处理的，通过预编译进行宏替换、条件选择代码段，然后生成最后的待编译代码，最后进行编译。

（10）在软件开发中，常用条件编译命令来形成程序的调试版本或正式版本。（　　）

答案：正确

解析：有些程序在调试、兼容性、平台移植等情况下可能想要通过简单地设置一些参数就生成一个不同的软件版本，利用 C 语言的条件编译命令可以通过变量设置，在不同的情况下可能只用到一部分代码，因此通过预编译指令设置编译条件，在不同的需要时编译不同的代码，这样就可以生成不同的软件版本。

1.8 习 题 8

1. 单项选择题

（1）有如下说明语句，则叙述不正确的选项是（　　）。

```
struct stu
{
    int a;
    double b;
} stutype;
```

A. struct 是结构体类型的关键字

B. struct stu 是用户定义的结构体类型

C. stutype 是用户定义的结构体类型名

D. a 和 b 都是结构体成员名

答案：C

解析：结构体变量定义（声明）有三种形式：①先声明结构体类型，再定义结构体变量（这种形式最常见）；②声明结构体类型的同时，定义结构体变量；③声明一个无名结构体类型，同时定义结构体变量。题目属于第②种形式，因此应选 C。

（2）以下对结构类型变量的定义中不正确的是（　　）。

A. ♯define STUDENT struct student
   STUDENT ｛
         int num; double score;
         ｝std1;

B. struct student ｛
      int num;
      double score;
         ｝std1;

C. struct {
　　　int num;
　　　double score;
　　}std1;

D. struct {
　　　int num; double score;
　　} student;
　struct student std1;

答案:D

解析:选项 A 中宏名 STUDENT 所替换的字符串 struct student 表示数据类型,std1 是对应的结构体变量;选项 B 中声明结构体类型 struct student 的同时定义了结构体变量 std1;选项 C 中声明了一个无名结构体,同时定义了一个结构体变量 std1;选项 D 中声明了一个无名结构体,而 student 是结构体变量,不是结构体类型名,因此应选 D。

(3) 当定义一个结构体变量时,系统分配给它的内存是(　　)。
　A. 各成员所需内存量的总和　　　B. 结构中第一个成员所需内存量
　C. 成员中占内存量最大的容量　　D. 结构中最后一个成员所需内存量

答案:A

解析:C 语言中一个结构体变量所占用的内存空间是所有成员变量所占用空间的总和,而共用体(联合体)变量所占用的内存空间是所有成员变量中占用内存最多的一个变量。因此应选 A。

(4) C 语言结构体变量在程序执行期间(　　)。
　A. 所有成员一直驻留在内存中　　B. 只有一个成员驻留在内存中
　C. 部分成员驻留在内存中　　　　D. 没有成员驻留在内存中

答案:A

解析:C 语言中一个结构体变量所占用的内存空间是所有成员变量所占用空间的总和,因此应选 A。

(5) 下面程序的运行结果是(　　)。

```c
#include<stdio.h>
#include<stdlib.h>
struct complx
{
    int x; int y;
};

int main()
{
    struct complx cnum[2]={1,3,2,7};
    printf("%d\n",cnum[0].y/cnum[0].x*cnum[1].x);
    system("pause");
    return 0;
}
```

A. 0   B. 1   C. 2   D. 6

答案：D

解析：cnum[0].x=1,cnum[0].y=3,cnum[1].x=2,则 cnum[0].y/cnum[0].x * cnum[1].x=3/1*2=6。

(6) 以下程序段中,对结构体变量成员不正确的引用是(   )。

```
struct pupil
{
  char name[20];
    int age;
    int sex;
} pup[5], * p = pup;
```

A. scanf("%s",pup[0].name);   B. scanf("%d",&pup[0].age);
C. scanf("%d",&(p->sex));   D. scanf("%d",p->age);

答案：D

解析：scanf()中的输入项要求是变量的地址形式,对于结构体变量的输入,其实是对各成员变量的输入,如果引用的是数组名就可以不用取地址符,否则就要加上地址符,选项 A 中的成员 name 是数组名,已经表示是地址了,只有选项 D 中 age 是一般的整型变量,必须加上取地址符,因此应选 D。

(7) 设有定义：

```
struct TT
{
  char mark[12];
    int num1;
    double num2;
}t1,t2;
```

若变量均已正确赋初值,则下列语句中错误的是(   )。

A. t1=t2;   B. t2.num1=t1.num1;
C. t2.mark=t1.mark;   D. t2.num2=t1.num1;

答案：C

解析：mark 为结构体中的数组成员,不能直接赋值,因此本题应该选 C。

(8) 若有以下程序段：

```
int a = 1,b = 2,c = 3;
struct dent
{
    int n;
    int * m;
} s[3] = {{101,&a},{102,&b},{103,&c}};
struct dent * p = s;
```

则以下表达式中值为 2 的是(   )。

A. sizeof(int)   B. *(p++)->m
C. (*p).m   D. *(++p) -> m

答案：D

解析：选项 A 是求整型数据占用内存的大小,由于一般的整型类型是 4 个字节；p++-> m 就是变量 a 的地址,*(p++)-> m 就为 a 的值(即 1)；选项 C 中(*p).m 是 m 所指变量的值,因此也是 1；选项 D 中由于开始 p＝s,++p 就指向 s[1],则++p-> m 就是变量 b 的地址,所以 *(++p)-> m 的值为 2。

(9) 下面对 typedef 的叙述中不正确的是( )。

　　A. 用 typedef 可以定义多种类型名,但不能用来定义变量

　　B. 用 typedef 可以增加新类型

　　C. 用 typedef 只是将已存在的类型用一个新的标识符来代表

　　D. 使用 typedef 有利于程序的通用和移植

答案：B

解析：C 语言中 typedef 是自定义数据类型名,就是将已有的数据类型名用另外一个名字来表示(在自定义数据类型中非常方便),并不能改变原来的数据类型,也不能增加新的数据类型,因此应选 B。

(10) 若有定义：

```
typedef int * INTEGER;
INTEGER p, * q;
```

则以下叙述正确的是( )

　　A. q 是基本类型为 int 的指针变量

　　B. p 是 int 类型变量

　　C. p 是基本类型为 int 的指针变量

　　D. 程序中可用 INTEGER 代替类型名 int

答案：C

解析：题目用 typedef 定义的新类型名 INTEGER 是代表 int * 类型,即 INTEGER 表示指针类型,而"INTEGER p, * q;"相当于"int * p, ** q;"。因此本题应选 C。

2. 填空题

(1) 结构体变量成员的引用方式是使用＿＿＿＿运算符,结构体指针变量成员的引用方式是使用＿＿＿＿运算符。

答案：.(成员访问运算符),->(成员间接访问运算符)

解析：C 语言中对结构体变量的访问本质是对其成员的访问,还可以通过指向结构体变量的指针来访问成员,前者是用"."来实现,后者是用"->"来实现的。

(2) 若有定义：

```
struct num
{
    int a;
    int b;
    double f;
} n = {1,3,5.0};
struct num * pn = &n;
```

则表达式 pn>a×||pn->b 的值是_____,表达式(*pn).a+pn->f 的值是_____。

答案:4,6.0

解析:pn->a 的值为 1,pn->b 的值为 3,++pn->b 的值为 4,因此第一空填 4;pn->f 的值为 5.0,(*pn).a 的值为 1,因此第二空填 6.000000(或 6.0)。

(3) C 语言可以定义枚举类型,其关键字为_____。

答案:enum

解析:C 语言中枚举类型是基本的数据类型,在定义时列出可能的取值,用 enum 作为关键字。

(4) C 语言允许用_____声明新的类型名来代替已有的类型名。

答案:typedef

解析:C 语言中可以用 typedef 来对已有的类型名取一个"别名",而不改变数据类型本身。

(5) 结构数组中存有三人的姓名和年龄,以下程序输出三人中最年长者的姓名和年龄。请在空内填入正确内容。

```
#include<stdio.h>
#include<stdlib.h>
struct man
{
    char name[20];
    int age;
}person[]={"li-ming",18,"wang-hua",19,"zhang-ping",20};
int main()
{
    struct man *p,*q;
    int old=0
    p=person;
    for(  ;p_____;p++)
     if(old<p->age)
      {q=p;_____;}
    printf("%s %d",_____);
    system("pause");
    return 0;
}
```

答案:<person+3,old=p->age,q->name,q->age

解析:本题中定义了一个有三个元素的结构体数组 person 并赋了初值,结构体的成员包含一个用字符串表示的姓名和整型表示的年龄,主程序中对年龄比较,找出年龄最大的,并将指针变量 q 指向对应年龄最大的结构体数组元素。第一空是循环控制条件,指针 p 指向最后,则填<person+3 或<=person+2。第二空是将较大的年龄值赋给 old,则应填 old=p->age。第三空是输出最大年龄者的姓名和年龄,则应填 q->name,q->age。

3. 程序填空题

(1) 以下程序段的功能是统计链表中结点的个数。其中,first 为指向第一个结点的指针(链表不带头结点)。请在空内填入正确内容。

```
struct link
{
```

```
    char data;
    struct link * next;
};

...
    struct link * p, * first;
    int c = 0;
    p = first;
    while(_____)
    {
        _____;
        p = _____;
    }
```

答案：p! = NULL，c++， p-> next

解析：当指向链表的指针不为空(最后一个结点的后面或最后一个结点的指针域)时才能统计结点的数目和移动指向结点的指针。因此第一空应填 p 或 p! = NULL；第二空是统计结点数，则应填 c++ 或 c = c + 1 或 ++c；第三空移动指针指向下一个结点，应填 p-> next。

(2) 设链表上结点的数据结构为

```
struct node
{
    int x;
    struct node * next;
};
```

若已经建立了一条链表，h 表示链表头指针，函数 delete() 的功能是：在链表上找到与 value 相等，则删除该结点(假定各结点的值不同)，要求返回链表的首指针。

```
struct node * delete(struct node * h, int value)
{
    struct node * p1, * p2;
    p1 = p2 = h;
    while(p1!= NULL)
    {
        if(p1 -> x == value)
        {
            if(p1 == h)
            {
                h = _____;
                free(p1);
            }
            else
            {
                p2 -> next = _____;
                free(p1);
            }
        }
        else
        {
            p2 = p1;
            p1 = _____;
```

```
        }
    }
    return h;
}
```

答案：p1-> next，p1-> next， p1-> next

解析：指针 p1 是移动到的当前结点，p2 是当前结点的前面一个结点；第一空表示要删除的是第一个结点，则应把当前结点的后面一个结点作为第一个结点，因此应填 p1-> next；第二空表示删除的不是第一个结点，若删除后，前面一个结点应指向被删除结点的后面一个结点，因此应填 p1-> next；第三空表示当前结点不是要删除的结点，指向结点的指针要向后移动，因此应填 p1-> next。

4．程序阅读题

（1）下面程序的运行结果是_____。

```
#include<stdio.h>
#include<stdlib.h>
struct ks
{
    int a;
    int *b;
} s[4], *p;
int main()
{
    int n = 1, i;
    for(i = 0; i < 4; i++)
    {
        s[i].a = n;
        s[i].b = &s[i].a;
        n = n + 2;
    }
    p = &s[0];
    p++;
    printf("%d, %d\n",(++p) -> a,(p++) -> a);
    system("pause");
    return 0;
}
```

答案：7，3

解析：结构体数组 s 的元素分别为 s[0]={1,&s[0].a}，s[1]={3,&s[1].a}，s[2]={5,&s[2].a}，s[3]={7,&s[3].a}；p 指向 s[0]，p++ 后 p 指向 s[1]，一般来说，由于 C 语言中函数参数是从右向左结合的，因此先输出(p++)-> a(值为 3)，然后 p 指向 s[2]，++p 后 p 就指向 s[3]，因此++p-> a 的值为 7。

（2）下面程序的运行结果是_____。

```
#include<stdio.h>
#include<stdlib.h>
struct man
{
```

```c
    char name[20];
    int age;
} person[ ] = { "liming", 18, "wanghua", 19, "zhangping",20 };
int main()
{
    int old = 0;
    struct man * p = person, * q;
    for(; p <= &person[2]; p++)
        if(old < p->age) { q = p; old = p->age };
    printf("%s %d\n",q->name,q->age);
    system("pause");
    return 0;
}
```

答案：zhangping 20

解析：题目中定义了一个有三个元素的结构体数组 person 并赋了初值，结构体的成员包含一个用字符串表示的姓名和整型表示的年龄，主程序中对年龄比较，找出年龄最大的，并将指针变量 q 指向对应年龄最大的结构体数组元素。因此输出结果为 zhangping 20。

(3) 输入：

Li
Zhang
Li
Li
Wang
Zhang
Wang
Zhang

下面程序运行的结果是_____。

```c
#include <stdio.h>
#include <string.h>
#include <stdlib.h>
#define N 8 /* 输入数据组数 */
struct person
{
    char name[20];
    int count;
}leader[3] = { "Li",0, "Zhang",0, "Wang",0};
int main()
{
    int i,j; char leader_name[20];
    for(i = 1;i <= N;i++)
    {
        scanf("%s",leader_name);
        for(j = 0;j < 3;j++)
            if(strcmp(leader_name,leader[j].name) == 0)
                leader[j].count++;
    }
```

```
    for(i = 0;i < 3;i++)
      printf("%5s:%d\n",leader[i].name,leader[i].count);
    system("pause");
    return 0;
}
```

答案:

Li:3
Zhang:3
Wang:2

解析: 本题是统计三个候选人的得票情况,一共有 8 次投票,每次只能在 Li、Zhang、Wang 之间选一个,用字符串比较函数 strcmp(),如果选中其中一人,则对应的得票数增加 1。

5. 编程题

(1) 编写一个函数 output(),在屏幕上输出学生的成绩数据(包含姓名、学号、三门课成绩、总分),该数组中有 N 个学生的数据记录,每个记录的输入数据包括姓名、学号和三门课成绩,用主函数输入这些记录,用 output()函数输出这些记录。

解析: 定义一个结构体类型,成员包括:姓名(字符串)、学号(字符串)、三门课成绩(浮点型)、总分(浮点型),然后定义一个有 N 个元素的结构体数组。输入数据的函数声明形式为:void input(struct stu student[],int n,int m),其中结构体数组 student 为存放学生数据信息,n 为学生人数,m 为课程数,在输入一个学生课程信息后,计算其对应的课程总分,保存在结构体成员 sum 中;输出数据的函数声明形式为:void output(struct stu student[],int n,int m),参数的含义同输入函数。

程序:

```
#include <stdio.h>
#include <stdlib.h>
#define N 10                    /*学生人数*/
#define M 3                     /*课程数*/
struct stu                      /*定义结构体类型*/
{
    char name[15];
    char num[6];
    double score[M];
    double sum;
} student[N];                   /*说明结构体变量*/

void input(struct stu student[],int n,int m);
void output(struct stu student[],int n,int m);
int main()
{
    struct stu temp;
    input(student,N,M);
    output(student,N,M);
    system("pause");
    return 0;
```

```c
}
void input(struct stu student[],int n,int m)
{
    int i,j;
    printf("输入数据:\n");
    for(i = 0;i < n;i++)
    {
        scanf("%s %s",student[i].name,student[i].num);
        student[i].sum = 0;
        for(j = 0;j < m;j++)
        {
            scanf("%lf", &student[i].score[j]);
            student[i].sum += student[i].score[j];
        }
    }
}
void output(struct stu student[],int n,int m)
{
    int i,j;
    for(i = 0;i < n;i++)
    {
        printf("%15s %8s",student[i].name,student[i].num);
        for(j = 0;j < m;j++)
        printf("%7.2lf", student[i].score[j]);
        printf("%7.2lf\n",student[i].sum);
    }
}
```

(2) 有 10 个学生，每个学生的数据包括学号、姓名、3 门课的成绩，从键盘输入 10 个学生数据，要求编程输出 3 门课平均成绩，以及总分最高分的学生的数据（包括学号、姓名、3 门课的成绩、平均分数）。

解析：定义一个结构体类型，成员包括：学号（整型）、姓名（字符串）、3 门课成绩（浮点型）、总分（浮点型），定义一个有 N 个元素的结构体数组（保存学生信息），定义 3 个初值为 0 的浮点变量保存 3 门课程的平均分；输入学生信息的同时计算每个学生的总分，并用累计求和的形式把每门课程的总分计算出来，循环输入学生信息完成后，将每门课的总分除以人数 N 得到课程的平均分；循环找出学生总分最高的结构体数组下标，然后输出课程平均分和总分最高的学生信息。

程序：

```c
#include <stdio.h>
#include <stdlib.h>
#define N 10
typedef struct student
{
    int num;
    char name[20];
    double s1,s2,s3;
    double sum;
```

```
} STU;
int main()
{
    double sv1 = 0, sv2 = 0, sv3 = 0, smax;
    STU stu[N];
    int i,k;
    for(i = 0;i < N;i++)
    {
        scanf("%d %s %lf %lf %lf",&stu[i].num,stu[i].name,&stu[i].s1,&stu[i].s2,&stu[i].s3);
        stu[i].sum = stu[i].s1 + stu[i].s2 + stu[i].s3;
        sv1 = sv1 + stu[i].s1;
        sv2 = sv2 + stu[i].s2;
        sv3 = sv3 + stu[i].s3;
    }
    sv1 = sv1/N;
    sv2 = sv2/N;
    sv3 = sv3/N;
    smax = stu[0].sum;
    for(i = 1;i < N;i++)
        if(stu[i].sum > smax)
        {
            smax = stu[i].sum;
            k = i;
        }
    printf("%.2lf %.2lf %.2lf\n",sv1,sv2,sv3);
    printf("%d %s %.2lf %.2lf %.2lf %.2lf\n",stu[k].num,stu[k].name,stu[k].s1,stu[k].s2,stu[k].s3,stu[k].sum);
    system("pause");
    return 0;
}
```

(3) 学生的记录由学号和成绩组成，N 名学生的数据在主函数中输入结构体数组 s 中，请编写函数 fun()，其功能是：把分数最低的学生数据放在 h 所指的数组中。注意，分数最低的学生可能不止一个，函数返回分数最低的学生的人数。

解析：先把结构体数组 s 中成绩最低的找到，然后再循环查找与最低成绩相同的学生，将学生信息（学号和成绩）保存在结构体数组 h 中，最后将 h 数组的元素个数作为函数值返回。

程序：

```
int fun(STU s[],STU h[])
{
    int k = 0,i,smin = s[0].score;
    for(i = 0;i < N;i++)
        if(smin < s[i].score)
            smin = s[i].score;
    for(i = 0;i < N;i++)
    {
        if(smin == s[i].score
```

```
        h[k++] = s[i];
    }
    return k;
}
```

(4) 计算机等级考试 C 语言的题目类型包括客观题(选择)和操作题(程序填空、程序改错、编程)组成,学生信息包含准考证号、学生姓名、客观题分数、操作题分数、总得分和等级。其中,客观题占 40%,操作题占 60%。用函数调用方式编写程序,其中,函数 fun()的功能是计算学生的总得分,并将学生总分在 90~100 的等级确定为"优秀",80~90(不包含 90)的等级确定为"良好",60~80(不包含 80)的等级确定为"合格",60 以下的确定为"不合格"。同时获得等级证书的学生的信息保存在结构体数组 h 中(考试中心规定:只有总分在 60 分以上(含 60 分)才能获得证书),获得证书的人数由 fun()函数的参数获得。

解析:先把结构体数组 s 中总评成绩求出来,再根据总评成绩确定等级(注:由于等级是字符串,不能直接用赋值符号,必须用字符串复制函数 strcpy()来实现),再用循环来把获得证书(即总评≥60)的学生信息存放到结构体数组 h 中,同时人数加 1。最后将 h 数组的元素个数通过指针变量返回。

程序:

```c
#include<stdio.h>
#include<string.h>
#include<stdlib.h>
#define N 30
typedef struct student
{
    long int id;
    char name[20];
    double s1;                    /*客观题*/
    double s2;                    /*操作题*/
    double sum;
    char level[10];
}STU;
void fun(STU [],STU [],int ,int * );
int main()
{
    int i,k;
    STU s[N],h[N];
    for(i=0;i<N;i++)
        scanf("%ld %s %lf %lf",&s[i].id,s[i].name,&s[i].s1,&s[i].s2);
    fun(s,h,N,&k);
    for(i=0;i<k;i++)
        printf("%ld %s %.2lf %.2lf %.2lf %s\n",h[i].id,h[i].name,h[i].s1,h[i].s2,h[i].sum,h[i].level);
    system("pause");
    return 0;
}
void fun(STU s[],STU h[],int n,int *m)
{
    int i,k=0;
```

```
        for(i = 0;i < n;i++)
        {
           s[i].sum = s[i].s1 * 0.4 + s[i].s2 * 0.6;
           if(s[i].sum >= 90)
             strcpy(s[i].level,"优秀");
           else if(s[i].sum >= 80&&s[i].sum < 90)
             strcpy(s[i].level,"良好");
           else if(s[i].sum >= 60&&s[i].sum < 80)
             strcpy(s[i].level,"合格");
           else
             strcpy(s[i].level,"不合格");
        }
        for(i = 0;i < n;i++)
          if(s[i].sum >= 60)
            h[k++] = s[i];
        *m = k;
     }
```

1.9 习 题 9

1. 单项选择题

(1) 系统的标准输入设备是指(　　)。
　　A. 键盘　　　　B. 显示器　　　　C. 软盘　　　　D. 硬盘

答案：A

解析：计算机中的标准输入设备是键盘,标准输出设备是显示器。

(2) 下面能作为输入文件名字符串常量的是(　　)。
　　A. c:user\text.txt　　　　　　　B. c:\user\text.txt
　　C. "c:\user\text.txt"　　　　　 D. "c:\\user\\text.txt"

答案：D

解析：在 C 语言中反斜杠"\"是作为转义字符开始的标志,表示反斜杠字符应使用'\\',因此要表示文件存取路径 c:\user\text.txt,在 C 语言中应表示为 c:\\user\\text.txt。

(3) 若执行 fopen() 函数时发生错误,则函数的返回值是(　　)。
　　A. 地址值　　　B. 0　　　　　C. 1　　　　　D. EOF

答案：B

解析：打开文件函数 fopen() 发生错误,导致文件读取或建立失败,这时 fopen() 的返回值是 NULL,在 C 语言中将 NULL 作为一个宏名来处理,是用字符 0 来表示的,因此应选 B。

(4) 若要用 fopen() 函数打开一个新的二进制文件,该文件既要能读也要能写,则文件打开方式字符串应是(　　)。
　　A. "ab+"　　　B. "wb+"　　　C. "rb+"　　　D. "ab"

答案：B

解析：要求用 fopen() 函数打开一个新的文件，说明磁盘上没有该文件，要生成一个，则用"w"模式；二进制文件要用"b"模式，能读能写要用"+"模式，组合起来就是"wb+"形式。

(5) 若以"a+"方式打开一个已存在的文件，则以下叙述正确的是（　　）。

A. 文件打开时，原有文件内容不被删除，位置指针移到文件末尾，可作添加和读操作

B. 文件打开时，原有文件内容不被删除，位置指针移到文件开头，可作重写和读操作

C. 文件打开时，原有文件内容被删除，只可作写操作

D. 以上说法都不正确

答案：A

解析："a"模式是指针移到文件末尾并向文件进行添加操作，"+"模式表示文件能读能写，因此应选择 A。

(6) fgetc() 函数的作用是从指定文件读入一个字符，该文件的打开方式必须是（　　）。

A. 只写　　　　　　　　　　B. 追加

C. 读或读写　　　　　　　　D. B 和 C 都正确

答案：D

解析：fgetc() 函数是从文件中读取一个字符，对应的文件打开模式可以是读（"r"）、读写（"r+"）、添加（"a"），因此选择 D。

(7) C 语言中标准库函数 fputs(str,fp) 的功能是（　　）。

A. 从 str 指向的文件中读一个字符串存入 fp 所在的内存

B. 把 str 中存放的字符串输出到 fp 所指的文件中

C. 从 fp 指向的文件中读入一个字符串，存入 str 所在的内存

D. 把 fp 指向的内存中的一个字符串输出到 str 指向的文件

答案：B

解析：fputs() 函数的功能是，将一字符串写入流文件。因此本题应选 B。

(8) 有以下程序：

```
#include<stdio.h>
#include<stdlib.h>
int main()
{
    FILE *fp;
    int a[10]={1,2,3},i,n;
    fp=fopen("test.dat","w");
    for(i=0;i<3;i++)
        fprintf(fp,"%d",a[i]);
    fprintf(fp,"\n");
    fclose(fp);
    fp=fopen("test.dat","r");
    fscanf(fp,"%d",&n);
    fclose(fp);
    printf("%d\n",n);
    system("pause");
```

```
        return 0;
    }
```

则程序的运行结果是(   )。

  A. 321   B. 123000   C. 1   D. 123

答案：D

解析：fprintf()函数的功能是按指定的格式将变量中的值写入流文件中,本程序是将数组 a 的前三个元素写入到 test.dat 文件中(即 123),fscanf()函数的功能是将文件中的内容读出来,存入指定的变量中,因此变量 n 中的值就是 123。

(9) 函数 rewind()的作用是(   )。

  A. 使位置指针重新返回文件的开头

  B. 将位置指针指向文件中所要求的特定位置

  C. 使位置指针指向文件的末尾

  D. 使位置指针自动移至下一个字符位置

答案：A

解析：rewind()函数的声明形式为 void rewind(FILE * fp);,其作用是重新返回文件起始位置,因此应选 A。

(10) 有以下程序：

```
#include<stdio.h>
#include<stdlib.h>
int main()
{
    FILE *fp;
    char s1[]="China",s2[]="Beijing";
    fp=fopen("test.dat","wb+");
    fwrite(s2,7,1,fp);
    rewind(fp);
    fwrite(s1,5,1,fp);
    fclose(fp);
    system("pause");
    return 0;
}
```

则程序的运行后,文件 test.dat 的内容是(   )。

  A. China   B. Chinang

  C. ChinaBeijing   D. BeijingChina

答案：B

解析："wb+"是按二进制形式创建可读可写流文件,程序先将 s2 中的字符串写入 test.dat 文件中(即文件中的内容是 Beijing),rewind()函数是使文件指针回到文件头,再将 s1 中的字符串写入文件中,覆盖前面的字符,因此 fp 所指向的文件内容为 Chinang。

(11) 利用 fseek()函数可实现的操作是(   )。

  A. 改变文件的位置指针   B. 文件的顺序读写

  C. 文件的随机读写   D. 以上答案均正确

答案：A

解析：fseek()函数是对文件进行定位，其形式是"int fseek(FILE * fp,long offset,int origin);"，当 origin＝0 时，表示从文件开头计算；当 origin＝1 时，表示从文件指针当前位置计算；当 origin＝2 时，表示从文件末尾计算。因此应选 A。

(12) 函数调用语句 fseek(fp,－20L,2)的含义是(　　　)。
   A. 将文件位置指针移到距离文件头 20 字节处
   B. 将文件位置指针从当前位置向后移动 20 字节
   C. 将文件位置指针从文件末尾向后退 20 字节
   D. 将文件位置指针移到当前位置 20 字节处

答案：C

解析：fseek(fp,－20L,2)中 origin＝2,表示从文件末尾计算,－20L 表示文件指针从文件尾后退 20 个字节,因此应选 C。

(13) 函数 ftell(fp)的作用是(　　　)。
   A. 得到流式文件中的当前位置
   B. 移动流式文件的位置指针
   C. 初始化流式文件的位置
   D. 以上答案均正确

答案：A

解析：ftell()函数的声明形式为"long ftell(FILE * fp);"，表示返回文件指针的当前位置,因此应选 A。

2. 填空题

(1) C 语言文件的两种形式是_____和_____。

答案：文本文件,二进制文件

解析：C 语言中按文件的存储形式可分为文本文件(ASCII 码文件)和二进制文件。

(2) C 语言打开文件的函数是_____,关闭文件的函数是_____。

答案：fopen(),fclose()

解析：C 语言中,要用 FILE 定义的文件型指针指向的文件,必须 fopen()函数打开文件,当文件使用完成后要用 fclose()函数关闭。

(3) 按指定格式输出数据到文件中的函数是_____,按指定格式从文件输入数据的函数是_____,判断文件指针到文件末尾的函数是_____。

答案：fprintf(), fscanf(), feof()

解析：用 fopen()函数打开的文件,要按指定格式将从文件中读取的数据赋给指定变量,应用 fscanf()函数；要将变量的值按指定格式写入文件,应用 fprintf()函数；判断文件指针是否指到文件尾的函数是 feof()函数。

(4) 输出一个数据块到文件中的函数是_____,从文件中输入一个数据块的函数是_____；输出一个字符串到文件中的函数是_____,从文件中输入一个字符串的函数是_____。

答案：fwrite(),fread(),fputs(),fgets()

解析：C 语言中将数据块写入指定文件,是用函数 fwrite(),从文件中读入数据块到计算机内存,是用函数 fread();将一个字符串写入到指定文件是用 fputs()函数,从文件中读取一个指定长度的字符串到计算机内存是用 fgets()函数。

(5) 在 C 程序中,数据可用_____和_____两种代码形式存放。

答案:文本,二进制

解析:C 语言中可将数据用文本文件(ASCII 码文件)和二进制文件两种形式存放在文件中。

(6) feof(fp)函数用来判断文件是否结束,如果遇到文件结束,函数值为_____,否则为_____。

答案:1,0

解析:用函数 feof()判断文件是否结束,若指针指到文件结束,则为"真",因此函数值为 1;若指针没有指向文件结束,则为"假",因此函数返回值为 0。

(7) 在 C 语言中,文件的存取是以_____为单位的,这种文件称作_____文件。

答案:字节,流式

解析:C 语言中数据流是由一个个字符组成的,这样的字符是以 ASCII 形式存储的,这些字符组成的文件称为文本文件(或流式文件)。

3. 程序填空题

(1) 以下程序的功能是将文件 file1.c 的内容输出到屏幕上并复制到文件 file2.c 中,请填空使程序完整。

```
# include <stdio.h>
# include <stdlib.h>
int main()
{
    FILE _____;
    fp1 = fopen("file1.c", "r");
    fp2 = fopen("file2.c", "w");
    while(!feof(fp1))
        putchar(fgetc(fp1));
    _____
    while(!feof(fp1))
        putchar(_____);
    fclose(fp1);
    fclose(fp2);
    system("pause");
    return 0;
}
```

答案:*fp1,*fp2
    rewind(fp1)
    fgetc(fp1),fp2

解析:C 语言中要使用文件,必须先定义文件类型的指针变量,使指针变量指向文件,通过对指针变量的操作实现对文件的操作。题目中对两个文件进行操作,必须定义两个文件型指针变量,因此第一空填 *fp1,*fp2;循环读出文件指针 fp1 指向的文件内容后,指针已经指到文件末尾,若还要对该文件操作,必须将指针指向文件开头,因此第二空填 rewind(fp1)。第三空是将 fp1 所指向的文件内容读出,写入 fp2 所指向的文件,因此应填 fgetc(fp1),fp2。

(2) 以下程序的功能是将文件 stud_data 中第 i 个学生的姓名、学号、年龄、性别输出,请填空使程序完整。

```
#include <stdio.h>
#include <stdlin.h>
struct student_type
{
    char name[10];
    int num;
    int age;
    char sex;
} stud[10];
int main()
{
    int i;
    FILE _____;
    if((fp1 = fopen("stud_data","rb")) == NULL
    {
        printf("error!\n");
        exit(0);
    }
    scanf("%d",&i);
    fseek(_____);
    fread(_____,sizeof(struct student_type),1,fp);
    printf("%s%d%d%c\n",stud[i].name,stud[i].num,stud[i].age, stud[i].sex);
    fclose(fp);
    system("pause");
    return 0;
}
```

答案: *fp
　　　　fp,sizeof(stud[0])*i,0
　　　　&stud[i]

解析: C 语言中要使用文件,必须先定义文件类型的指针变量,使指针变量指向文件,通过对指针变量的操作实现对文件的操作。因此第一空填 *fp；要读取第 i 个学生的信息,应将文件指针定位到第 i 个学生处,因此第二空填 fp,sizeof(stud[0])*i,0 或 fp,sizeof(struct student_type)*i,0；第三空是将读出的第 i 个学生的信息赋给结构体数组元素,因此应填 &stu[i]。

(3) 以下程序的功能是用变量 count 统计文件中的字符个数,请填空使程序完整。

```
#include <stdio.h>
#include <stdlib.h>
int main()
{
    FILE *fp;
    long count = 0;
```

```
        if((fp = fopen("letter.dat",_____)) == NULL)
         {
           printf("error!\n");
           exit(0);
         }
        while(!feof(fp))
         {
           _____;
           _____;
         }
        printf("count = %ld\n",count);
        fclose(fp);
        system("pause");
        return 0;
       }
```

答案："r"
　　　　fgetc(fp)
　　　　count++

解析：从磁盘中读出文件进行字符统计，因此第一空应填"r"（打开文件模式为只读方式）；第二空是从指针指向的文件中读取一个字符，因此应填 fgetc(fp)；第三空是字符数增加 1，因此应填 count++ 或 count＝count＋1 或 ++count 或 count＋＝1。

（4）以下程序从一个二进制文件中读入结构体数据，并把结构体数据显示在屏幕上，请填空使程序完整。

```
#include <stdio.h>
#include <stdlib.h>
struct rec
{
  int num;
  double total;
}
void recout(_____)
{
  struct rec r;
  while(!feof(f))
   {
    fread(&r,_____,1,f);
    printf("%d,%lf\n",_____);
   }
}
int main()
{
  FILE *f;
  long count = 0;
  f = fopen("bin.dat","rb");
  recout(f);
  fclose(f);
  system("pause");
```

```
        return 0;
}
```

答案：FILE *f

sizeof(r)

r.num,r.total

解析：第一空是用文件型指针作为函数 recout()的参数,因此应填 FILE *f;第二空是用 fread()函数从文件中读取一个数据块,应填这样的数据块所占内存的大小 sizeof(r)或 sizeof(struct rec);第三空是输出从文件中读出的数据成员的值,应填 r.num,r.total。

4. 编程题

有 N 个学生,每个学生有 M 门课的成绩,从键盘输入数据(包括学号、姓名、三门课成绩),分别写出满足下面要求的成绩。

(1) 计算出平均成绩,将原有数据和计算出的平均分数存放在磁盘文件 student.txt 中。

(2) 对学生成绩按平均成绩排序后,将原有数据和计算出的平均分数存放在磁盘文件 sort.txt 中。

(3) 对排序后的数据再添加一个学生的成绩,将原有数据和计算出的平均分数存放在磁盘文件 sort2.txt 中。

解析：本题的关键是对学生 M 门(这里是 3 门)课程的平均成绩进行排序以及编写一个通用的存放学生信息到文件(student.txt、sort.txt、sort2.txt)的函数;首先定义一个结构体数组(成员包含姓名、学号、三门课成绩、学生平均成绩),并在主函数中输入学生姓名、学号、三门课成绩,同时计算学生平均成绩。调用输出到文件的函数将学生姓名、学号、三门课成绩,学生平均成绩保存到 student.txt 中;然后按照学生三门课的平均成绩排序,将排序后的成绩保存到 sort.txt 中;最后用添加模式打开 sort.txt 文件,输入一个学生信息并计算平均成绩,在文件尾部添加这个新添加的学生信息,并保存到文件 sort2.txt 中。

程序：

```
#include<stdio.h>
#include<stdlib.h>
#define N 5                    /*学生人数*/
#define M 3                    /*课程数*/
struct stu                     /*定义结构体类型*/
{
    char name[15];
    long num;
    double score[M];
    double aver;
} student[N];                  /*说明结构体变量*/
void sort(struct stu student[]);
void writetofile(struct stu student[], char filename[],char mode[]);
int main()
{
    FILE *fp;
    struct stu *ptr = NULL;
```

```c
    int i,j;
    printf("输入数据:\n");
    for(i=0;i<N;i++)
    {
        scanf("%s %ld",student[i].name,&student[i].num);
        student[i].aver = 0;
        for(j=0;j<M;j++)
        {
            scanf("%lf", &student[i].score[j]);
            student[i].aver += student[i].score[j];
        }
        student[i].aver = student[i].aver/M;
    }
    writetofile(student, "student.txt","w");
    writetofile(student, "sort.txt","w");
    writetofile(student, "sort2.txt","w");
    sort(student);
    writetofile(student, "sort.txt","a");
    ptr = (struct stu *)malloc(sizeof(struct stu));
    scanf("%s %ld", ptr->name,&ptr->num);
    ptr->aver = 0;
    for(j=0;j<M;j++)
    {
     scanf("%lf",&ptr->score[j]);
     ptr->aver += ptr->score[j];
    }
    if((fp=fopen("sort2.txt","a"))==NULL)
    {
        printf("cannot open file");
        exit(0);
    }
    fprintf(fp,"%s %ld",ptr->name,&ptr->num);
    for(j=0;j<M;j++)
        fprintf(fp," %7.2lf", ptr->score[j]);
    fprintf(fp," %7.2lf\n",ptr->aver/M);
    fclose(fp);
    system("pause");
    return 0;
}
void sort(struct stu student[])
{
    struct stu temp;
    int i,j,k;
    for(i=0; i<N-1; i++)
    {
        k = i;
        for(j=i+1; j<N; j++)
            if(student[j].aver < student[k].aver)k = j;
        if(k!=i)
        {
            temp = student[i];
```

```
            student[i] = student[k];
            student[k] = temp;
        }
    }
}

void writetofile(struct stu student[], char filename[],char mode[])
{
    FILE * fp;
    int i,j;
    if((fp = fopen(filename,mode)) == NULL)
    {
        printf("cannot open file");
        exit(0);
    }
    for(i = 0;i < N;i++)
    {
        fprintf(fp," % s % ld",student[i].name,student[i].num);
        for(j = 0;j < M;j++)
           fprintf(fp," % 7.2lf", student[i].score[j]);
        fprintf(fp," % 7.2lf\n",student[i].aver/M);
    }
    fclose(fp);
}
```

第 2 部分　实验指导

2.1　C 语言开发环境使用

1. 实验目的

（1）熟悉当前常用的 C 语言集成开发环境。
（2）掌握 C 语言程序的书写格式和 C 语言程序的结构。
（3）掌握 C 语言上机步骤，了解 C 程序的运行方法。
（4）能够熟练地掌握 C 语言程序的调试方法和步骤。

2. 实验内容

输入如下程序，实现两个数的乘积。

```
#include<stdio.h>;
int main()
{
    x=10,y=20
    p=prodct(x,t)
    printf("The product is: ",p)
    int prodct(int a ,int b)
    int c
    c=a*b
    return c
}
```

（1）在编辑状态下照原样输入上述程序。
（2）编译并运行上述程序，看懂给出的出错信息。
（3）再编译执行纠错后的程序。如还有错误，再编辑改正，直到不出现语法错误为止。

3. 分析与讨论

（1）记下在调试过程中所发现的错误、系统给出的出错信息和对策。分析讨论成功或失败的原因。
（2）总结 C 程序的结构和书写规则。

2.1.1　VS 2019 的 C++ 环境下编辑运行 C 语言程序

将实验内容中的程序复制（或输入）到 VS 2019 的 C++ 的编辑环境，步骤如下。

（1）启动 VS 2019，如图 2.1 所示。

图 2.1　VS 2019 启动界面

（2）单击"创建新项目"，然后再选择"空项目"，并单击"下一步"按钮，如图 2.2 所示。

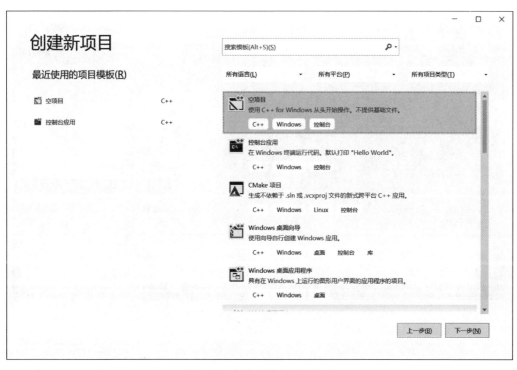

图 2.2　选择要创建项目类型

(3) 输入新项目名称，单击"创建"按钮，如图 2.3 所示。

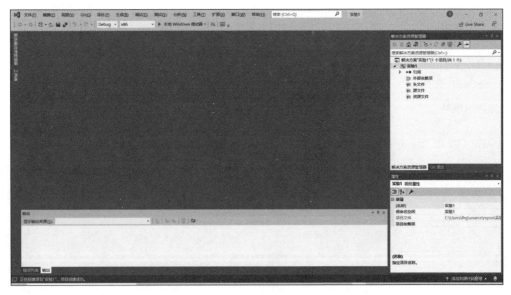

图 2.3 创建新项目并配置

(4) 单击"创建"按钮后，得到如图 2.4 所示操作界面。

图 2.4 项目生成界面

(5) 在"解决方案资源管理器"窗口中，选择"源程序"，右击，在弹出的快捷菜单中选择"添加"，再选择"新建项"，如图 2.5 所示。在"添加新项"窗口中选择"C++文件"，并在"名称"文本框中输入程序文件名（如"1.cpp"），如图 2.6 所示。单击"添加"按钮后，进入源程序编辑界面,如图 2.7 所示。将实验内容复制到编辑界面窗口里,单击 ▶本地 Windows 调试器▼ 或按 F5 键(或 Ctrl+F5 组合键)编译运行,在输出窗口中显示错误信息,如图 2.8 所示。

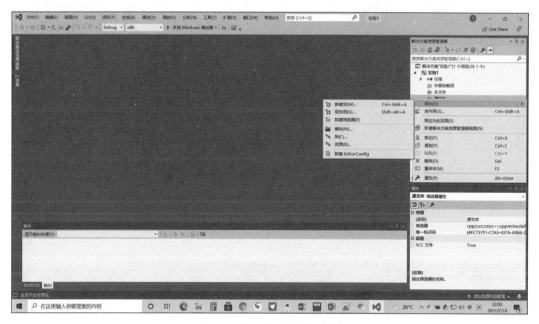

图 2.5　添加新建项(源程序)

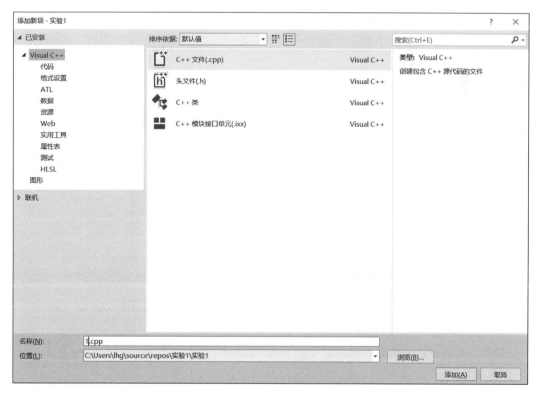

图 2.6　添加源程序

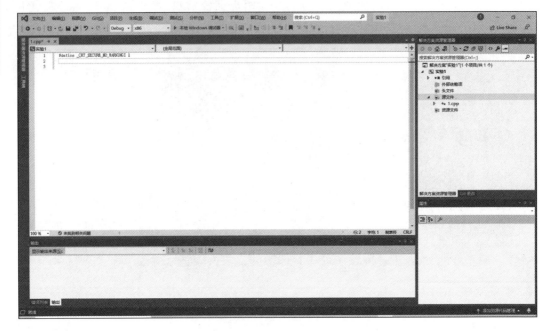

图 2.7　VS 2019 C++源程序编辑界面

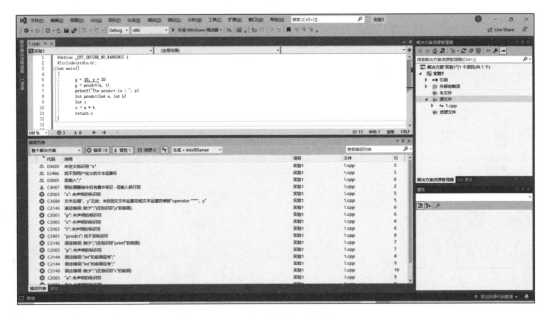

图 2.8　编译错误信息

(6) 按要求修改程序，正确后，运行得到正确的结果，如图 2.9 所示。

注意：若要创建并编译执行第二个源程序，可以在"解决方案资源管理器"窗口中的"源文件"中选定程序，右击程序名，选择"移除"，然后再按照第(5)步重新建立源程序。也可以将前面的程序全部注释掉，然后再重新建立源程序。

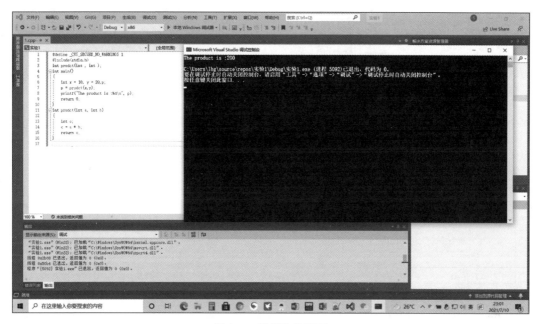

图 2.9　运行结果界面

2.1.2　Dev C++环境下编辑运行 C 语言程序

（1）Dev C++的启动界面，如图 2.10 所示。

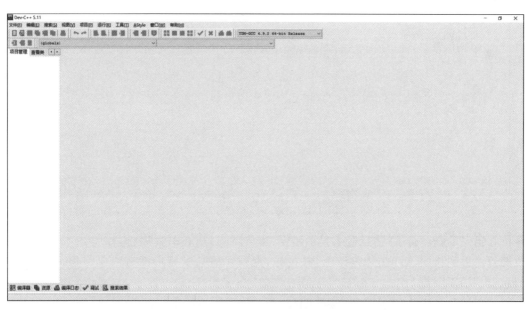

图 2.10　Dev C++的启动界面

（2）选择"文件"→"新建"→"源代码"进入编辑界面，如图 2.11 所示。
（3）将本实验的实验内容复制（或输入）到编辑区，如图 2.12 所示。
（4）单击"编译工具"按钮 ，在编辑区的下面多出一个信息区显示编译信息，同时光标

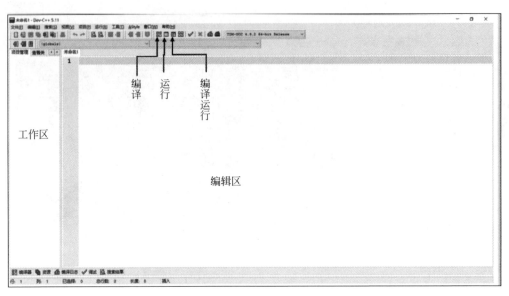

图 2.11 Dev C++ 功能区域

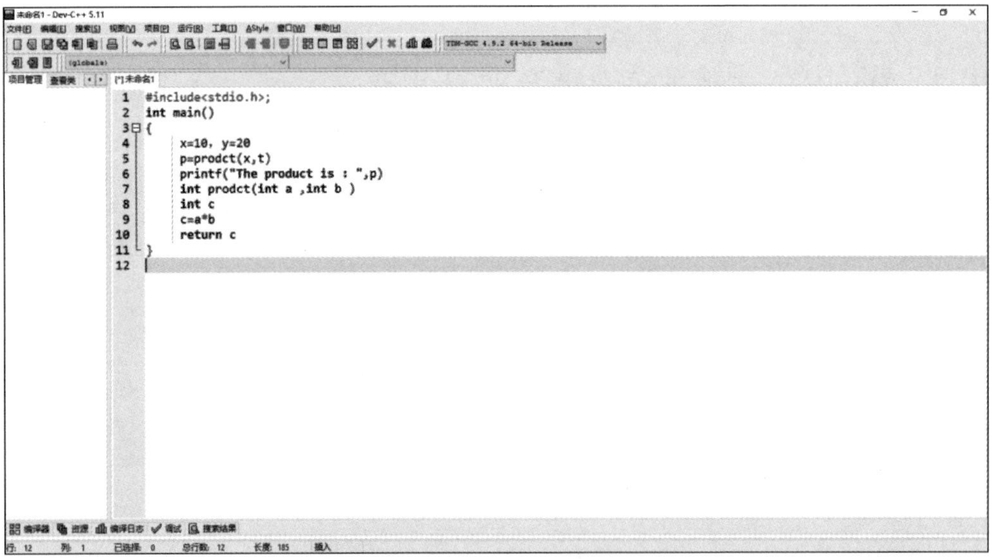

图 2.12 Dev C++ 源程序编辑

停留在错误的程序行上,信息区上显示错误(警告错误)所在的程序行,如图 2.13 所示。修改源程序中的错误,再单击"编译工具"按钮,直到在信息区显示没有错误为止,如图 2.14 所示。

(5) 单击工具栏上的"运行"按钮 ▣,运行编译正确的程序(也可以单击"编译运行"按钮 ▣,编译正确后直接运行),得到程序的运行结果,如图 2.15 所示。若程序运行结果不正确,必须再次修改源程序,直到程序运行结果正确为止。

注意:要创建并编译执行第二个程序,只需选择"文件"→"新建"→"源代码"进入第二个程序的编辑界面即可。

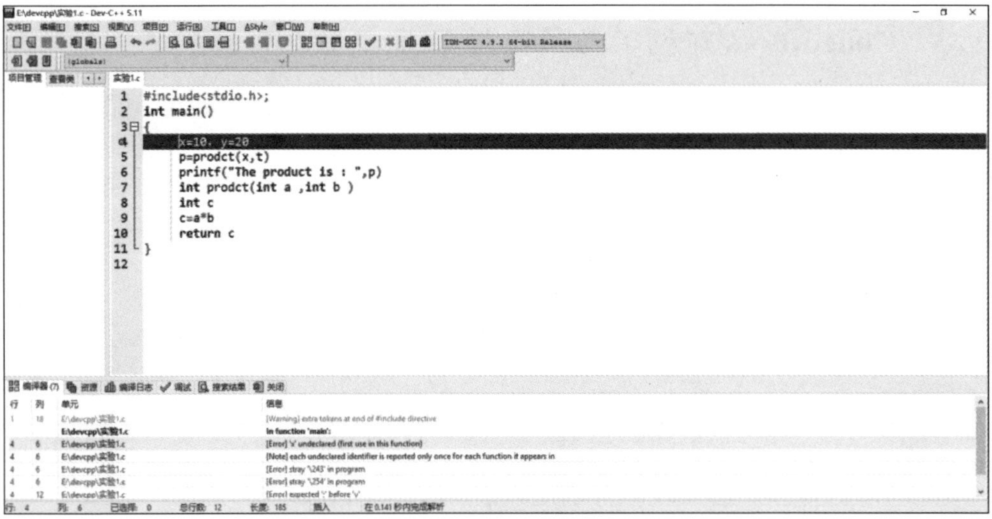

图 2.13 Dev C++编译错误信息显示

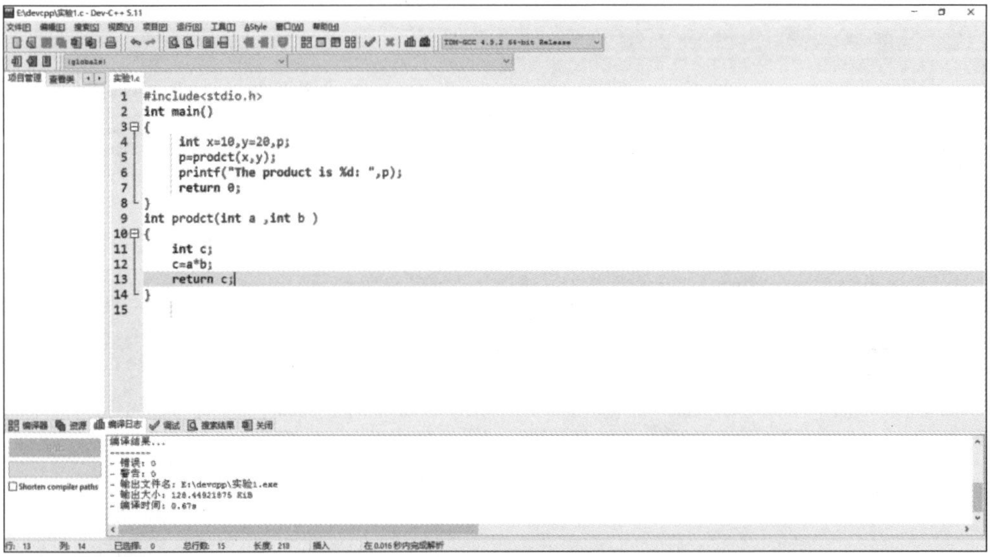

图 2.14 Dev C++编译正确信息显示

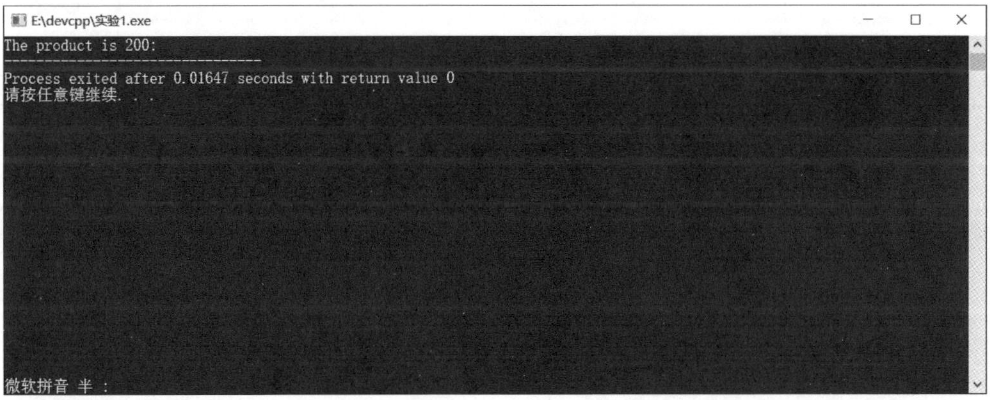

图 2.15 Dev C++运行结果

2.1.3 CodeBlocks 环境下编辑运行 C 语言程序

首先打开在计算机上安装好的 CodeBlocks 软件,出现如图 2.16 所示的界面。

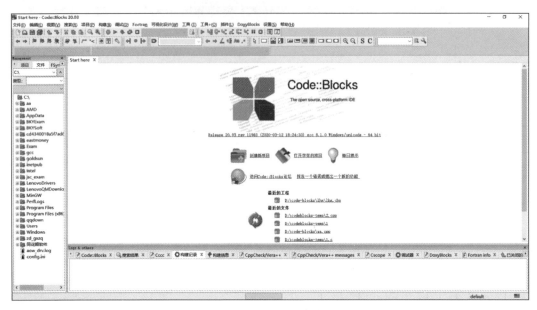

图 2.16　CodeBlocks 启动界面

(1) 选择菜单栏中的"文件"→"新建"→"文件",进入如图 2.17 所示操作界面。

图 2.17　CodeBlocks 的文件类型选择

(2) 选择 C/C++ source,进入如图 2.18 所示的界面。
(3) 单击"下一步"按钮,进入如图 2.19 所示的界面。

图 2.18 C/C++ 文件类型

图 2.19 选择 C 文件类型

(4) 选择 C 语言文件,单击"下一步"按钮,进入如图 2.20 所示界面。

图 2.20 选择 C 源程序保存的文件夹

(5) 选择源程序文件保存的文件夹,并输入文件名(扩展名为.C),单击"完成"按钮,进入如图 2.21 所示的源程序编辑状态,将本实验内容复制到编辑框。单击工具栏上的 ⚙ 按钮或按 Ctrl+F9 组合键进行构建(编译),编译信息在 Logs & others 中显示。根据错误信息提示修改后,再"构建",直到出现如图 2.22 所示的 Logs & others 的显示信息,表明源程序没有语法错误。

(6) 单击工具栏上的 ▶ 按钮(或"构建"菜单下的"运行",也可以按 Ctrl+F10 组合键)执行编译正确的源程序,得到如图 2.23 所示的运行结果界面。

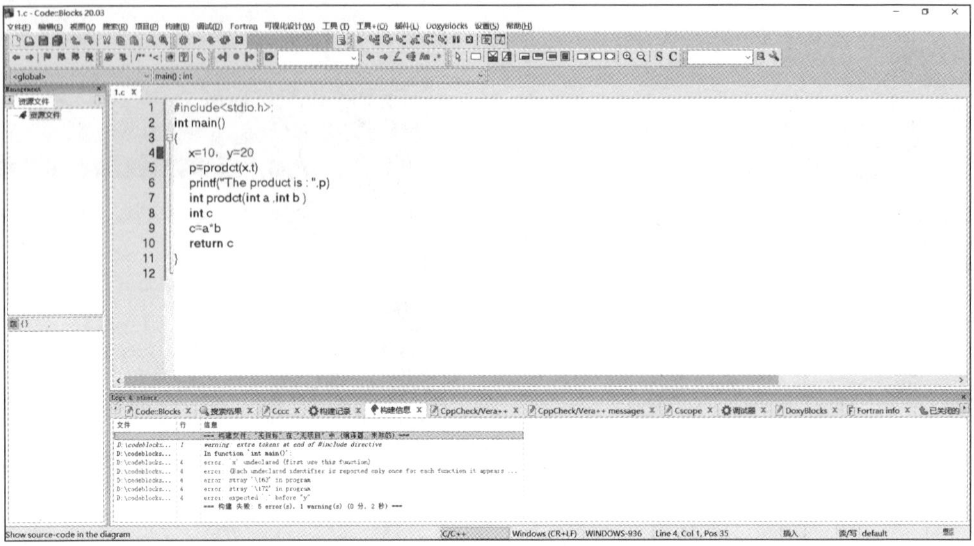

图 2.21　C 源程序编辑界面

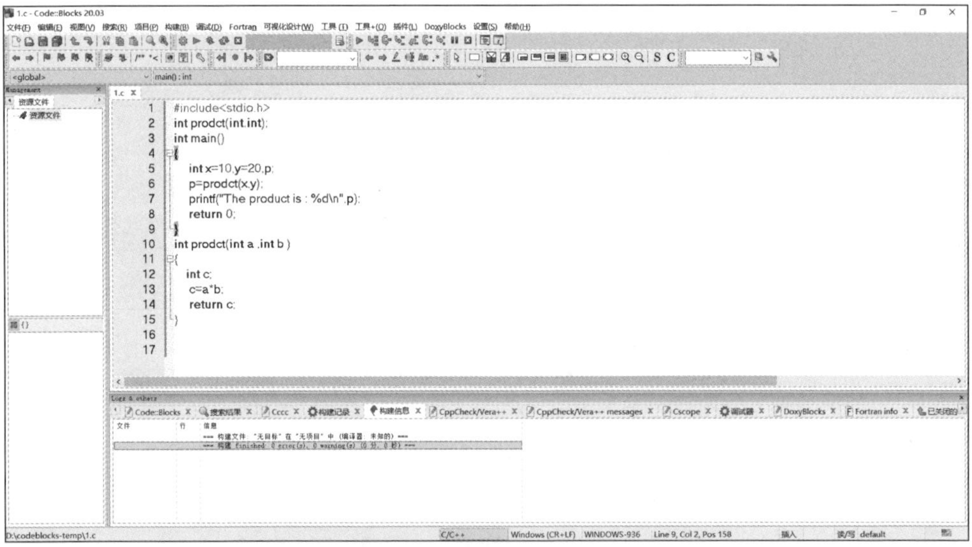

图 2.22　C 源程序编译正确界面

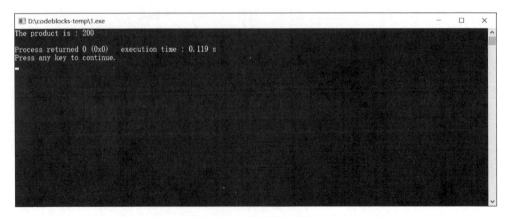

图 2.23　运行结果界面

2.1.4 Mac OS 操作系统下 Visual Studio Code 编辑运行 C 语言程序

在苹果计算机上安装并配置好 Visual Studio Code 环境（也可以下载 AhaCppInstall.pkg 安装在苹果计算机上直接使用），主要有以下几个步骤。

(1) 启动 VS Code。Mac OS 的程序列表中选择启动台，执行 Visual Studio Code。在"文件"菜单中选择新建"文件"，如图 2.24 所示。

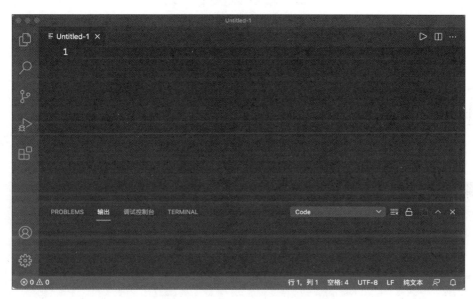

图 2.24　启动 Visual Studio Code

(2) 将程序代码编写在编辑区中，并保存（如 1.c），如图 2.25 所示。

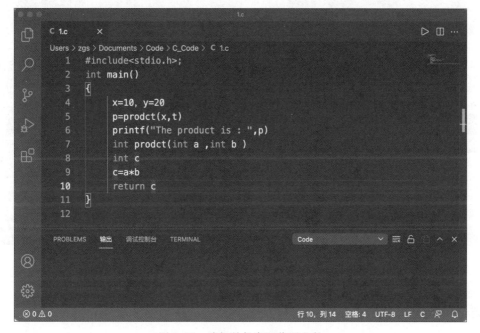

图 2.25　编辑并保存源代码文件

(3) 编译、改错并执行程序。在编辑区右击选择 Run Code,如图 2.26 所示。

图 2.26 鼠标右键的快捷键

在右上角单击"▷"按钮运行,编译之后自动运行代码,若有错误,提示信息在"终端"窗口中显示,如图 2.27 所示。

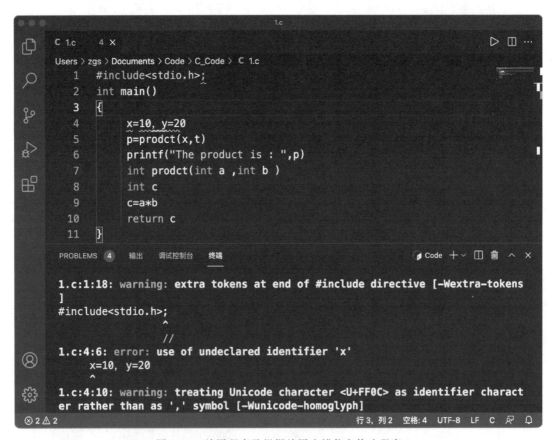

图 2.27 编译程序及根据编译出错信息修改程序

(4) 修改程序,直至所有错误都改正,使用"运行"按钮或者右击运行,即可在终端窗口中显示运行结果,如图 2.28 所示。

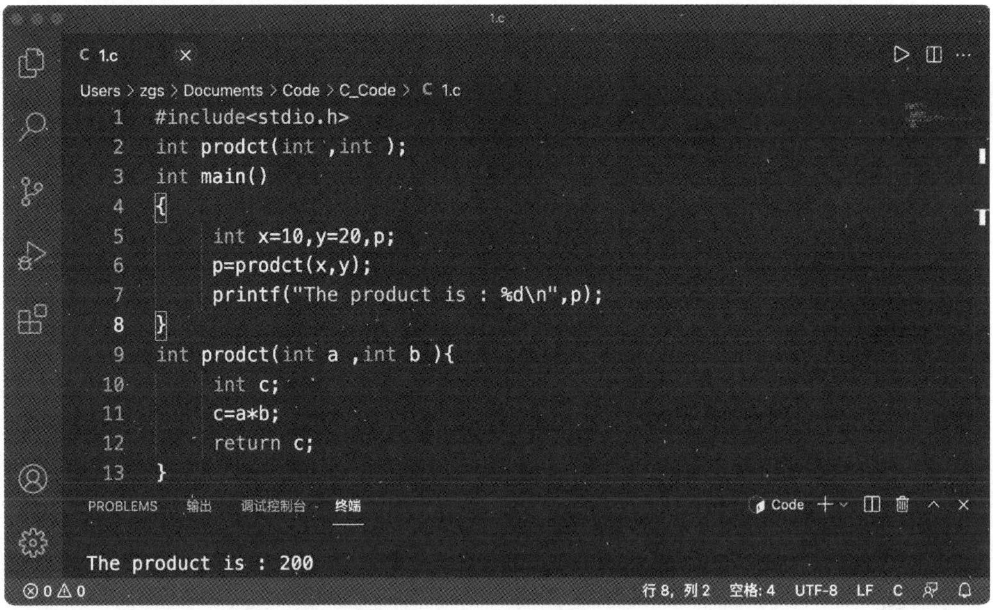

图 2.28 运行程序并核对输出结果

2.2 数据类型、运算符和表达式

1. 实验目的

(1) 理解常用运算符的功能、优先级和结合性。
(2) 熟练掌握算术表达式的求值规则。
(3) 熟练使用赋值表达式。
(4) 理解自加、自减运算符和逗号运算符。
(5) 掌握关系表达式和逻辑表达式的求值。

2. 实验内容

(1) 整数相除。

```
# include < stdio.h >
int main()
{
   int a = 5, b = 7, c = 100, d, e, f;
   d = a/b * c;
   e = a * c/b;
   f = c/b * a;
   printf("d = % d , e = % d , f = % d\n",d,e,f);
   return 0;
}
```

(2) 自加、自减运算。

```
# include < stdio.h >
int main()
```

```
    {
        int a = 5,b = 8;
        printf("a++ = %d\n",a++);
        printf("a= %d\n",a);
        printf("++b= %d\n",++b);
        printf("b= %d\n",b);
        return 0;
    }
```

(3) 关系运算和逻辑运算。

```
#include<stdio.h>
int main()
{
    int a = 5,b = 8,c = 8;
    printf("%d,%d,%d,%d\n",a==b&&a==c,a!=b&&a!=c,a>=b&&a>=c,a<=b&&a<=c);
    printf("%d,%d\n",a<=b||a>=c,a==b||b==c);
    printf("%d,%d,%d,%d\n",!(a==b),!(a>=b),!(a>=c),!(a<=b));
    return 0;
}
```

① 在编辑状态下输入上述程序。

② 编译并运行上述程序。

3. 分析与讨论

(1) 整数相除有什么危险？应如何避免这种危险？

(2) 分析 a++和++a 的区别。

(3) 条件表达式和逻辑表达式的意义是什么？它们的取值如何？

(4) 如何比较两个浮点数相等？为什么？

4. 实验内容解答

分别将实验内容中的三个程序复制(或输入)到 C/C++ 环境的程序编辑区，经过编译、链接、运行，得到如图 2.29～图 2.31 所示的运行结果。

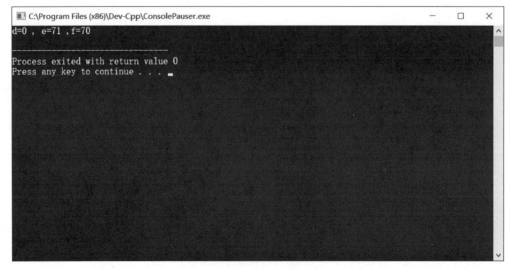

图 2.29　程序(1)的运行结果

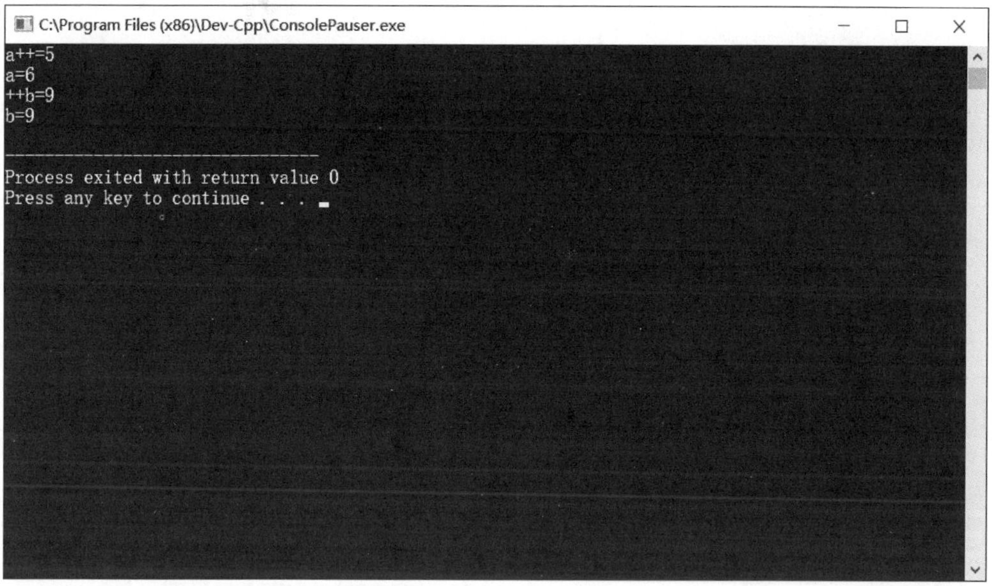

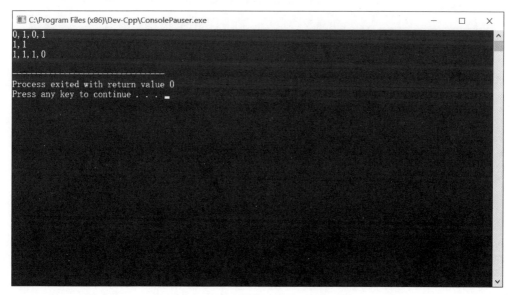

图 2.30　程序(2)的运行结果

图 2.31　程序(3)的运行结果

2.3　格式化输入/输出函数的使用

1. 实验目的

(1) 掌握格式字符使用的方法。

(2) 掌握 printf() 进行格式化输出的方法。

(3) 掌握 scanf() 进行格式化输入的方法。

2. 实验内容

（1）输入如下程序，观察运行结果。

```c
#include<stdio.h>
int main()
{
    int x = 1234;
    float f = 123.456;
    double m = 123.456;
    char ch = 'a';
    char a[] = "Hello,world!";
    int y = 3, z = 4;
    printf("%d %d\n",y,z);
    printf("y = %d , z = %d\n",y,z);
    printf("%8d, %2d\n",x,x);
    printf("%f, %8f, %8.1f, %.2f, %.2e\n",f,f,f,f,f);
    printf("%lf\n",m);
    printf("%3c\n",ch);
    printf("%s\n%15s\n%10.5s\n%2.5s\n%.3s\n",a,a,a,a,a);
    return 0;
}
```

（2）输入下面程序，观察调试信息。

```c
#include<stdio.h>
int main()
{
    double x,y;
    char c1,c2,c3;
    int a1,a2,a3;
    scanf("%d%d%d",a1,a2,a3);
    printf("%d, %d, %d\n",a1,a2,a3);
    scanf("%c%c%c",&c1,&c2,&c3);
    printf("%c%c%c\n",c1,c2,c3);
    scanf("%f, %lf",&x,&y);
    printf("%f, %lf\n",x,y);
    return 0;
}
```

① 在 C/C++ 集成开发环境中输入上述程序，观察调试结果。
② 如果有错误，请修改程序中的错误。

3. 分析与讨论

（1）分析程序错误及运行结果错误的原因。
（2）总结 printf() 中可使用的各种格式字符。
（3）总结转义字符的使用和功能。

4. 实验内容解答

分别将实验内容中的两个程序复制（或输入）到 C/C++ 环境的程序编辑区，经过编译、链接、运行，得到如图 2.32～图 2.37 所示的运行结果。

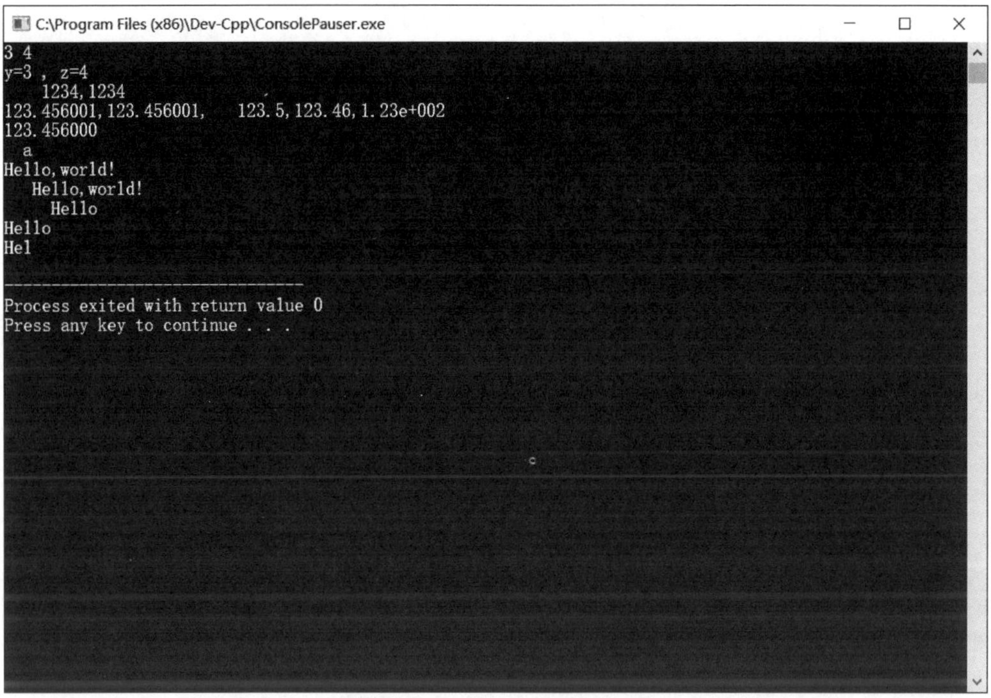

```
3 4
y=3 , z=4
     1234,1234
123.456001,123.456001,     123.5,123.46,1.23e+002
123.456000
   a
Hello,world!
   Hello,world!
      Hello
Hello
Hel
------------------------
Process exited with return value 0
Press any key to continue . . .
```

图 2.32　程序(1)的运行结果

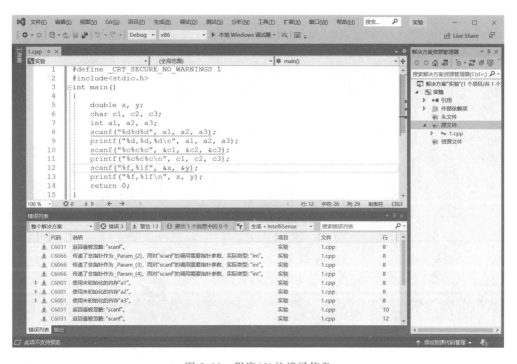

图 2.33　程序(2)的编译信息

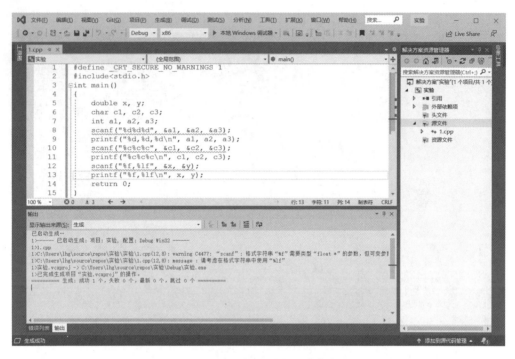

图 2.34 程序(2)编译正确信息

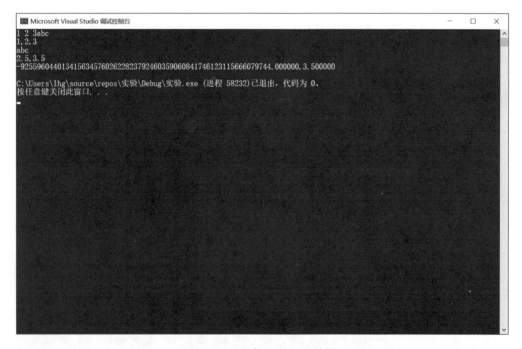

图 2.35 程序(2)的运行结果

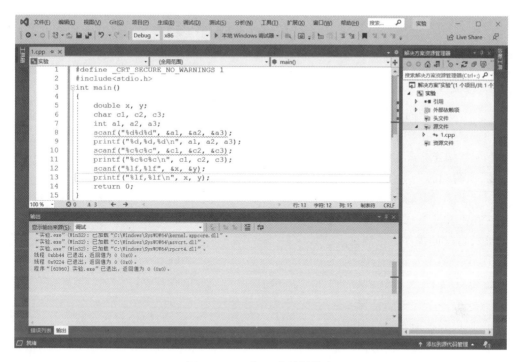

图 2.36 程序(2)的编译信息

图 2.37 程序(2)的运行结果

因变量 a1、a2、a3 在 scanf()函数中没有用地址形式,导致出现警告性错误。

因 x 是双精度变量,但在 scanf()函数中是用%f 单精度格式,导致结果错误,应修改为双精度格式%lf。

2.4 分支结构程序设计

1. 实验目的

(1) 了解条件与程序流程的关系。
(2) 了解用不同的数据使程序的流程覆盖不同的语句、分支和路径。
(3) 掌握 if 语句和 if…else 语句的用法。
(4) 掌握 switch 语句的用法。

2. 实验内容

(1) 从键盘上输入三个数,让它们代表三条线段的长度,请写一个判断这三条线段所组成的三角形属于什么类型(不等边、等腰、等边或不构成三角形)的 C 程序。请分别设计下列数据对自己的程序进行测试。

① 找出各条语句中的错误。
② 找出各分支中的错误。
③ 找出各条件中的错误。
④ 找出各种条件组合中的错误。
⑤ 找出各条路径中的错误。

(2) 用 scanf() 函数输入一个百分制成绩(整型量),要求输出成绩等级 A、B、C、D、E。其中,90~100 分为 A,80~89 分为 B,70~79 分为 C,60~69 分为 D,60 分以下为 E。具体要求如下。

① 用 if 语句实现分支或 switch 分支。
② 在输入百分制成绩前要有提示。
③ 在输入百分制成绩后要判断该成绩的合理性,对于不合理的成绩(即大于 100 分或小于 0 分)应输出出错信息。
④ 在输出结果中应包括百分制成绩与成绩等级,并要有文字说明。
⑤ 分别输入百分制成绩−90,100,90,85,70,60,45,101,运行该程序。

(3) 编程找出 5 个整数中的最大数和最小数,并输出找到的最大数和最小数。

3. 分析与讨论

(1) 总结分支程序设计的方法。
(2) 复合语句的使用。
(3) switch 语句的注意事项。

4. 实验内容解答

(1) 输入以下程序,进行各种条件测试。

```c
#include<stdio.h>
#include<stdlib.h>
int main()
{
    double a,b,c;
    scanf("%lf %lf %lf",&a,&b,&c);
    if(a+b>c&&a+c>b&&b+c>a)
```

```
        {
            if(a == b&&a == c)
                printf("构成等边三角形\n");
            else if(a == b||a == c||b == c)
                printf("构成等腰三角形\n");
            else
                printf("构成其他三角形\n");
        }
        else
          printf("不能构成三角形\n");
        system("pause");
        return 0;
}
```

(2) 用 if…else if 编写，switch 语句自行完成。

```
#include<stdio.h>
#include<stdlib.h>
int main()
{
    int score;
    printf("输入学生成绩: ");
    scanf("%d",&score);
    if(score<0||score>100)
    {
        printf("输入成绩错误!\n");
        exit(0);
    }
    if(score>=90&&score<=100)
    {
        printf("成绩为:%d\n",score);
        printf("等级为: A\n");
    }
    else if(score>=80&&score<90)
    {
        printf("成绩为:%d\n",score);
        printf("等级为: B\n");
    }
    else if(score>=70&&score<80)
    {
        printf("成绩为:%d\n",score);
        printf("等级为: C\n");
    }
    else if(score>=60&&score<70)
    {
        printf("成绩为:%d\n",score);
        printf("等级为: D\n");
    }
    else
    {
```

```
        printf("成绩为: %d\n",score);
        printf("等级为: E\n");
    }
    system("pause");
    return 0;
}
```

(3) 输入以下程序,进行测试,指出程序的好处和不足。

```
#include<stdio.h>
#include<stdlib.h>
int main()
{
    int a,b,c,d,e,max,min;
    scanf("%d %d %d %d %d",&a,&b,&c,&d,&e);
    max = a;
    min = a;
    if(max < b)
        max = b;
    if(min > b)
        min = b;
    if(max < c)
        max = c;
    if(min > c)
        min = c;
    if(max < d)
        max = d;
    if(min > d)
        min = d;
    if(max < e)
        max = e;
    if(min > e)
        min = e;
    printf("最大值: %d,最小值: %d\n",max,min);
    system("pause");
    return 0;
}
```

2.5 循环结构程序设计

1. 实验目的

(1) 掌握在程序设计条件型循环结构时,如何正确地设定循环条件,以及如何控制循环的次数。

(2) 了解条件型循环结构的基本测试方法。

(3) 掌握如何正确地控制计数型循环结构的次数。

(4) 了解对计数型循环结构进行测试的基本方法。

(5) 了解在嵌套循环结构中,提高程序效率的方法。

2. 实验内容

(1) 输入一个正整数,并将其颠倒过来,如 12345 对应为 54321。

(2) 将一个长整型数 s 的每位数位上的偶数依次取出来,构成一个新的数 t,其高位仍在高位,低位仍在低位,例如,s=87653142 时,t 中的数为 8642。

(3) 判断 101~200 中有多少个素数。

(4) 编写程序,输出杨辉三角形。

3. 分析与讨论

(1) 总结条件循环结构的一般方法。

(2) 如何测试计数型循环结构的控制表达式中的错误?

(3) 从实验中你得到了哪些提高嵌套循环程序效率的启示?

4. 实验内容解答

(1) 输入下面程序,测试相应的数据(123456,-12345,10000),需要做哪些改进?

```c
#include<stdio.h>
#include<stdlib.h>
int main()
{
    int n,t=0;
    printf("输入一个正整数:");
    do
    {
        scanf("%d",&n);
        if(n<0)
            printf("输入数据不正确,请重新输入!\n");
    }while(n<0);
    while(n)
    {
        t=t*10+n%10;
        n=n/10;
    }
    printf("颠倒过来的数为:%d\n",t);
    system("pause");
    return 0;
}
```

(2) 程序为:

```c
#include<stdio.h>
#include<stdlib.h>
int main()
{
    long int s,p=1,t=0;
    printf("输入一个整数:");
    scanf("%ld",&s);
    while(s)
    {
        if((s%10)%2==0)
        {
```

```
            t = t + (s % 10) * p;
            p = p * 10;
        }
        s = s/10;
    }
    printf("辩换后得到的数为: %ld\n",t);
    system("pause");
    return 0;
}
```

(3)

```
#include <stdio.h>
#include <stdlib.h>
#include <math.h>
int main()
{
    int i,j,k,count = 0;
    for(i = 101;i <= 200;i++)
    {
        k = sqrt(i);
        for(j = 2;j <= k;j++)
          if(i % j == 0)
             break;
        if(j > k)
          count++;
    }
    printf("%d\n",count);
    system("pause");
    return 0;
}
```

(4)

```
#include <stdio.h>
#include <stdlib.h>
int main()
{
    long int i,j,k,n;
    printf("输入行数: ");
    scanf("%ld",&n);
    for(i = 1;i <= n;i++)
    {
        k = 1;                      /* 每行第一个数 */
        for(j = 1;j < i;j++)        /* 计算第 i 行的第 j 个组合数 */
        {
            printf(" %ld ",k);
            k = k * (i - j)/j;
        }
        printf("1\n");              /* 每行最后一个数 */
    }
    system("pause");
```

```
    return 0;
}
```

思考:修改程序,用等腰三角形的形式输出。

2.6 函 数

1. 实验目的

(1) 掌握 C 语言函数定义及调用的规则。
(2) 理解参数传递的过程。
(3) 掌握函数返回值的大小和类型确定的方法。
(4) 理解变量的作用范围。

2. 实验内容

(1) 上机调试下面的程序,记录系统给出的出错信息,并指出出错原因。

```
#include <stdio.h>
#include <stdlib.h>
int main()
{
    int x,y;
    printf("%d\n",sum(x+y));
    int sum(a,b)
    {
        int a,b;
        return(a+b);
    }
    system("pause");
    return 0;
}
```

(2) 编写一个程序,输入系数 a、b、c,求一元二次方程 $ax^2+bx+c=0$ 的根,包括主函数和如下子函数。

① 判断 a 是否为零。
② 计算判别式 $b^2-4ac \geqslant 0$。
③ 计算根的情况。
④ 输出根。

(3) 输入下面程序,分析运行结果。

```
#include <stdio.h>
#include <stdlib.h>
int func(int ,int);
int main()
{   int k=4,m=1,p1,p2;
    p1=func(k,m);
    p2=func(k,m);
    printf("%d,%d\n",p1,p2);
    system("pause");
```

```
        return 0;
}
int func(int a,int b)
{   static int m = 0,i = 2;
    i += m + 1;
    m = i + a + b;
    return(m);
}
```

3. 分析与讨论

（1）针对以上实验内容写出相应的参数传递过程并分析结果。

（2）函数在定义时要注意什么？

（3）讨论静态局部变量的继承性。

4. 实验内容解答

（1）将实验内容（1）中的程序复制或输入到 C/C++ 的编辑环境并编译，得到如图 2.38 所示的结果。

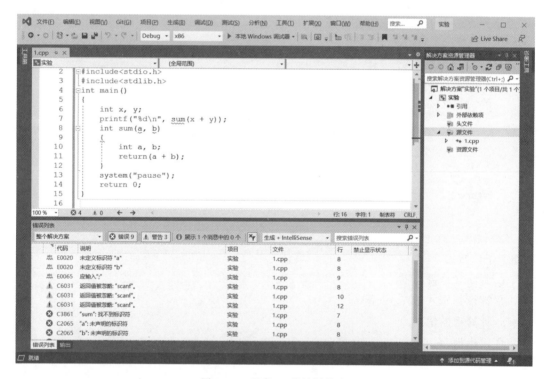

图 2.38　程序(1)的编译信息

将程序（1）中的错误修改后，再编译后得到如图 2.39 所示的结果。

```
#include<stdio.h>
#include<stdlib.h>
int sum(int,int);
int main()
{
    int x,y;
```

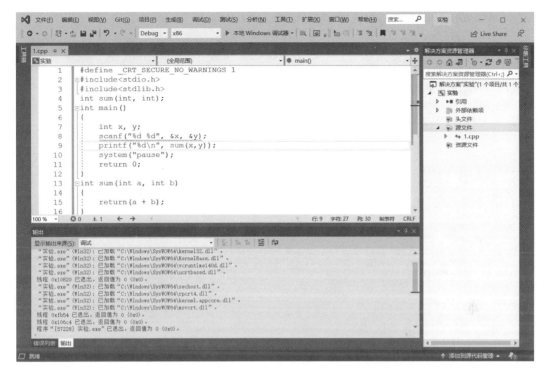

图 2.39 程序(1)的编译正确信息

```
    scanf(" % d % d",&x,&y);
    printf(" % d\n",sum(x,y));
    system("pause");
    return 0;
}
int sum(int a,int b)
{
    return(a + b);
}
```

(2) 用函数的思想编写一元二次方程的求根程序。

```
#include<stdio.h>
#include<stdlib.h>
#include<math.h>
int judge_a(double);
double delta(double,double,double);
int root(double);
void show_root(int,double,double,double);
int main()
{
    double a,b,c;
    scanf(" % lf % lf % lf",&a,&b,&c);
    if(judge_a(a) == 0)
        printf("不是一元二次方程\n");
```

```c
        else
            show_root(root(delta(a,b,c)),a,b,delta(a,b,c));
        system("pause");
        return 0;
    }
    int judge_a(double x)                    /*判断二次项系数是否为0*/
    {
        if(x == 0)
            return 0;
        else
            return 1;
    }
    double delta(double a,double b,double c)  /*计算判别式*/
    {
        return b*b-4*a*c;
    }
    int root(double d)                        /*根据判别式判断根的情况*/
    {
        if(d == 0)
            return 0;
        else if(d > 0)
            return 1;
        else
            return 2;
    }
    void show_root(int n,double a,double b,double d)  /*输出根*/
    {
        double x1,x2;
        if(n == 0)                             /*两个相等的实数根*/
        {
            x1 = -b/(2*a);
            printf("x1 = x2 = %lf\n",x1);
        }
        if(n == 1)                             /*两个不相等的实数根*/
        {
            x1 = (-b+sqrt(d))/(2*a);
            x2 = (-b-sqrt(d))/(2*a);
            printf("x1 = %lf   ,   x2 = %lf\n",x1,x2);
        }
        if(n == 2)                             /*两个复数根*/
        {
            printf("x1 = %lf + i*%lf\n",-b/(2*a),sqrt(-d)/(2*a));
            printf("x1 = %lf - i*%lf\n",-b/(2*a),sqrt(-d)/(2*a));
        }
    }
```

(3) 将实验内容(3)中的程序复制或输入到 C/C++ 的编辑环境编译、链接和运行得到如图 2.40 所示运行结果。

图 2.40　程序(3)的运行结果

2.7　数组及其应用

1. 实验目的

(1) 掌握数组定义的规则。
(2) 掌握 C 语言数组的基本用法。
(3) 掌握数组名作为函数参数传递的方法。

2. 实验内容

(1) 运行下面的 C 程序，根据运行结果，可以说明什么？

```
#include<stdio.h>
#include<stdlib.h>
int main()
{
    int num[5]={1,2,3,4,5};
    int i;
    for(i=0;i<=5;i++)
        printf("%d",num[i]);
    system("pause");
    return 0;
}
```

(2) 为一个冒泡排序程序设计测试用例，并测试。

(3) 操作符 & 用以求一个变量的地址，这在函数 scanf() 中已经使用过了。现在要设计一个程序，返回一个 3×5 的二维数组各元素的地址，并由此说明二维数组中各元素是按什么顺序存储的。

3. 分析与讨论

(1) 通过实验,分析定义与引用数组的区别。

(2) 数组的作用是什么?

(3) 数组名作为参数有什么特点?

4. 实验内容解答

(1) 将实验内容(1)的内容复制或输入到 C/C++的编辑环境,进行编译、链接和运行得到如图 2.41 和图 2.42 所示的运行结果。

图 2.41 Dev C++编译后运行结果

图 2.42 VS 2019 C++编译后运行结果

(2) 冒泡排序程序。

```c
#include <stdio.h>
#include <stdlib.h>
#define N 10
int main()
{
    int i,j,t,a[N];
    printf("输入 N 个待排序的数:\n");
    for(i = 0;i < N;i++)
    {
        printf("第%d个数:",i + 1);
        scanf("%d",&a[i]);
    }
    for(i = 0;i < N - 1;i++)
        for(j = 0;j < N - 1 - i;j++)
            if(a[j]> a[j + 1])
            {
                t = a[j];
                a[j] = a[j + 1];
                a[j + 1] = t;
            }
    printf("排序后的数为:\n");
    for(i = 0;i < N;i++)
        printf(" %d",a[i]);
    system("pause");
    return 0;
}
```

(3)

```c
#include <stdio.h>
#include <stdlib.h>
#define M 3
#define N 5
int main()
{
    int i,j,a[M][N];
    for(i = 0;i < M;i++)
        for(j = 0;j < N;j++)
        {
            printf("输入第%d行,第%d列的元素:",i,j);
            scanf("%d",&a[i][j]);
        }
    printf("输出元素的值:\n");
    for(i = 0;i < M;i++)
    {
        for(j = 0;j < N;j++)
            printf(" %d",a[i][j]);
        printf("\n");
    }
```

```c
        printf("输出元素的地址值:\n");
        for(i = 0;i < M;i++)
        {
            for(j = 0;j < N;j++)
                printf(" %x",&a[i][j]);
            printf("\n");
        }
        system("pause");
        return 0;
    }
```

2.8 指针及其应用

1. 实验目的

(1) 掌握变量的指针及其基本用法。
(2) 掌握一维数组的指针及其基本用法。
(3) 掌握指针变量作为函数的参数时,参数的传递过程及其用法。

2. 实验内容

(1) 运行以下程序,并从中了解变量的指针和指针变量的概念。

```c
#include<stdio.h>
#include<stdlib.h>
int main()
{
    int a = 5,b = 5, *p;
    p = &a;
    printf("%d, %ud\n",a,p);
    *p = 8;
    printf("%d, %ud\n",a,p);
    p = &b;
    printf("%d, %ud\n",a,p);
    b = 10;
    printf("%d, %ud\n",a,p);
    system("pause");
    return 0;
}
```

(2) 运行以下程序,观察 &a[0]、&a[i]和 p 的变化,然后回答以下问题。
① 程序的功能是什么?
② 在开始进入循环体之前,p 指向谁?
③ 循环每增加一次,p 的值(地址)增加多少? 它指向谁?
④ 退出循环后,p 指向谁?
⑤ 你是否初步掌握了通过指针变量引用数组元素的方法?

```c
#include<stdio.h>
#include<stdlib.h>
int main()
```

```c
{
    int i, * p,s = 0,a[5] = {5,6,7,8,9};
    p = a;
    for(i = 0;i < 5;i++,p++)
        s += * p;
    printf("\n s = % d",s);
    system("pause");
    return 0;
}
```

（3）先分析以下程序的运行结果，然后上机验证，并通过此例掌握通过指针变量引用数组元素的各种方法。

```c
#include < stdio.h >
#include < stdlib.h >
int main()
{
    int i,s1 = 0, s2 = 0, s3 = 0, s4 = 0, * p,a[5] = {1,2,3,4,5};
    p = a;
    for(i = 0;i < 5;i++)
        s1 += p[i];
    for(i = 0;i < 5;i++)
        s2 += * (p + i);
    for(p = a;p < a + 5;p++)
        s3 += * p;
    p = a;
    for(i = 0;i < 5;i++)
        s4 += * p++;
    printf("\n s1 = % d, s2 = % d, s3 = % d, s4 = % d",s1,s2,s3,s4);
    system("pause");
    return 0;
}
```

（4）编写函数，将 N 个数按原来的顺序的逆序排列（要求用指针实现），然后编写主函数完成：

① 输入 10 个数。

② 调用此函数进行重排。

③ 输出重排后的结果。

3. 分析与讨论

（1）指针的定义方法，指针和变量的关系。

（2）数组和指针的关系。

4. 实验内容解答

（1）将实验内容（1）的内容复制或输入到 C/C++的编辑环境，进行编译、链接和运行得到如图 2.43 所示的运行结果。

（2）将实验内容（2）的内容复制或输入到 C/C++的编辑环境，进行编译、链接和运行得到如图 2.44 所示的运行结果。

（3）将实验内容（3）的内容复制或输入到 C/C++的编辑环境编译、链接和运行得到如图 2.45 所示的运行结果。

图 2.43 程序(1)的运行结果

图 2.44 程序(2)的运行结果

图 2.45 程序(3)的运行结果

(4) 定义两个指针变量,一个指向数组第一个元素,另一个指向数组最后一个元素,并将两个指针变量指向的数组元素交换,分别向后向前移动两个指针变量,直到都指向同一个元素或前面指针变量的值大于后面指针变量值,运行结果如图 2.46 所示。

```
#include<stdio.h>
#include<stdlib.h>
#define N 10
void inv(int *,int);
int main()
{
    int i,a[N];
    for(i=0;i<N;i++)
        scanf("%d",&a[i]);
    printf("逆置前:\n");
    for(i=0;i<N;i++)
        printf(" %d",a[i]);
    printf("\n");
    inv(a,N);
    printf("逆置后:\n");
    for(i=0;i<N;i++)
        printf(" %d",a[i]);
    system("pause");
    return 0;
}
void inv(int *x,int n)
{
    int *p,*q,t;
```

```
            p = x;
            q = x + n - 1;
            while(p < q)
            {
                t = * p;
                * p = * q;
                * q = t;
                p++;
                q -- ;
            }
        }
```

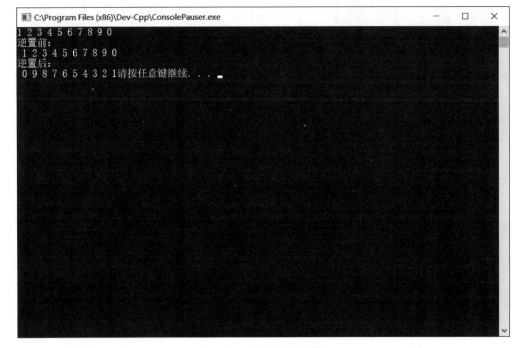

图 2.46　程序的运行结果

2.9　结构体及其应用

1. 实验目的

(1) 掌握结构体变量与结构体数组的定义和使用。
(2) 学会使用结构体指针变量和结构体指针数组。
(3) 掌握链表的概念,初步学会对链表进行操作。

2. 实验内容

(1) 输入 10 个学生的学号、姓名和成绩,求出其中的最高分者和最低分者。

```
# include < stdio. h >
# include < stdlib. h >
# define N 10
```

```c
struct student
{
    int num;
    char name[20];
    int score;
};
int main()
{
    int i;
    struct student st,stmax,stmin;
    stmax.score = 0;
    stmin.score = 100;
    for(i = 0;i < N;i++)
    {
        printf("输入第%d个学生信息:",i+1);
        scanf("%d%s%d",&st.num,st.name,&st.score);
        if(st.score > stmax.score)
            stmax = st;
        if(st.score < stmin.score)
            stmin = st;
    }
    printf("\n high: %5d%15s%5d",stmax.num,stmax.name,stmax.score);
    printf("\n low: %5d%15s%5d",stmin.num,stmin.name,stmin.score);
    system("pause");
    return 0;
}
```

① 分析程序,上机运行程序。
② 程序中,哪些是对结构体变量成员的引用?哪些是整体引用?
③ 对于此例来说,用结构体变量作为数据结构有何优越性?

(2) 有一学生情况如表 2.1 所示。编制一个 C 程序,用冒泡法对该学生情况表按成绩 (grade)从低到高进行排序。

表 2.1 学生情况表

学 号	姓 名	性 别	年 龄	成 绩
101	Zhang	M	19	95.6
102	Wang	F	18	92.2
103	Zhao	M	19	85.7
104	Li	M	20	96.3
105	Gao	M	19	90.2
106	Lin	M	18	91.2
107	Ma	F	18	98.7
108	Zhen	M	21	88.7
109	Xu	M	19	90.1
110	Mao	F	22	94.7

具体要求如下：

① 结构体类型为：

```
struct student
{
    int num;
    char name[8];
    char sex;
    int age;
    double grade;
}
```

② 在程序中用一个结构体指针数组，其中每一个指针元素指向结构体类型的各元素。

③ 在程序中，首先输出排序前的学生情况，然后输出排序后的结果，其格式如表 2.1 所示。

(3) 链表基本操作，具体要求如下。

① 初始时链表为空，即链表的头指针为空。

② 对于如表 2.1 所示的学生情况，依次将每个学生的情况作为一个结点插入单链表的链头（即当前插入的结点将成为第一个结点）。

③ 所有学生情况都插入链表中后，从链头开始，依次输出链表中的各结点值（即每个学生的情况）。输出格式如同表 2.1。

3．分析与讨论

（1）结构体的作用是什么？如何进行初始化？

（2）如何访问结构体中的成员？

（3）链表有什么优点？

4．实验内容解答

（1）将实验内容(1)的内容复制或输入到 C/C++ 的编辑环境，进行编译、链接和运行得如图 2.47 所示的运行结果。

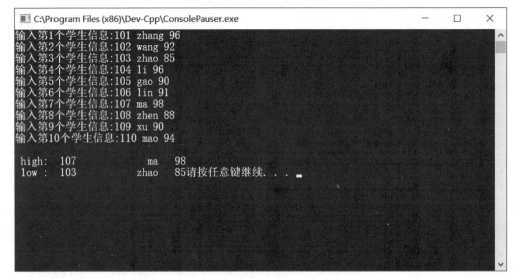

图 2.47　程序(1)的运行结果

（2）用冒泡排序法对学生进行排序的程序。

```c
#include<stdio.h>
#include<stdlib.h>
#define N 10
struct student
{
    int num;
    char name[8];
    char sex;
    int age;
    double grade;
};
void sort(struct student [],int n);
int main()
{
    int i;
    struct student x[N], *ptr[N];
    for(i=0;i<N;i++)
        scanf("%d %s %c %d %lf",&x[i].num,x[i].name,&x[i].sex,&x[i].age,&x[i].grade);
    printf("排序前:\n");
    for(i=0;i<N;i++)
    {
        ptr[i] = &x[i];
        printf("%4d %10s %3c %4d %6.2lf\n",ptr[i]->num,ptr[i]->name,ptr[i]->sex,ptr[i]->age,ptr[i]->grade);
    }

    sort(x,N);
    printf("排序后:\n");
    for(i=0;i<N;i++)
        printf("%4d %10s %3c %4d %6.2lf\n",x[i].num,x[i].name,x[i].sex,x[i].age,x[i].grade);
    system("pause");
    return 0;
}
void sort(struct student x[],int n)
{
    int i,j;
    struct student t;
    for(i=0;i<n-1;i++)
        for(j=0;j<n-1-i;j++)
            if(x[j].grade>x[j+1].grade)
            {
                t = x[j];
                x[j] = x[j+1];
                x[j+1] = t;
            }
}
```

程序运行结果如图 2.48 所示。

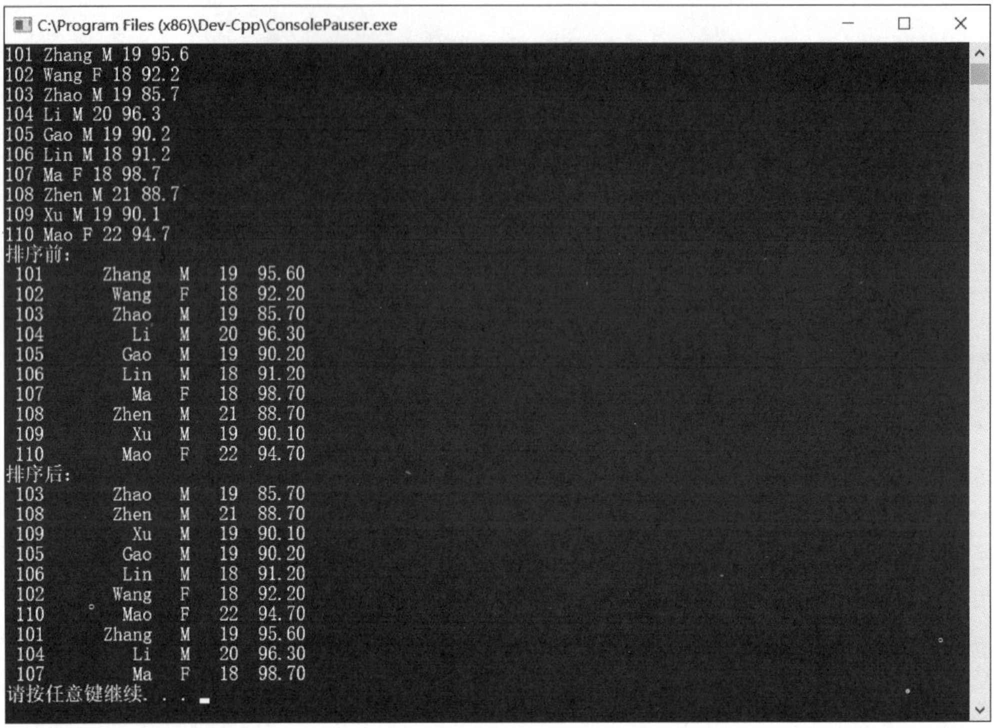

```
101 Zhang M 19 95.6
102 Wang F 18 92.2
103 Zhao M 19 85.7
104 Li M 20 96.3
105 Gao M 19 90.2
106 Lin M 18 91.2
107 Ma F 18 98.7
108 Zhen M 21 88.7
109 Xu M 19 90.1
110 Mao F 22 94.7
排序前:
101       Zhang    M    19   95.60
102       Wang     F    18   92.20
103       Zhao     M    19   85.70
104       Li       M    20   96.30
105       Gao      M    19   90.20
106       Lin      M    18   91.20
107       Ma       F    18   98.70
108       Zhen     M    21   88.70
109       Xu       M    19   90.10
110       Mao      F    22   94.70
排序后:
103       Zhao     M    19   85.70
108       Zhen     M    21   88.70
109       Xu       M    19   90.10
105       Gao      M    19   90.20
106       Lin      M    18   91.20
102       Wang     F    18   92.20
110       Mao      F    22   94.70
101       Zhang    M    19   95.60
104       Li       M    20   96.30
107       Ma       F    18   98.70
请按任意键继续. . .
```

图 2.48　程序的运行结果

(3) 链表建立程序。

```c
#include<stdio.h>
#include<stdlib.h>
typedef struct student
{
    int num;
    char name[8];
    char sex;
    int age;
    double grade;
    struct student *next;
}STU;
STU *insert(STU *,int n);
int main()
{
    int n;
    STU *head=NULL,*p;
    printf("输入结点数:");
    scanf("%d",&n);
    head=insert(head,n);
    p=head;
    while(p)
    {
```

```c
        printf("%4d %10s %3c %4d %6.2lf\n",p->num,p->name,p->sex,p->age,p->grade);
        p = p->next;
    }
    system("pause");
    return 0;
}
STU *insert(STU *head,int n)
{
    STU *p,*q;
    int i = 1;
    p = (STU *)malloc(sizeof(STU));
    head = p;
    p->next = NULL;
    while(i <= n)
    {
        printf("请输入第%d个结点数据:",i);
        scanf("%d %s %c %d %lf",&p->num,p->name,&p->sex,&p->age,&p->grade);
        q = (STU *)malloc(sizeof(STU));
        q->next = p;
        p = q;
        i++;
    }
    head = p->next;
    return head;
}
```

程序运行结果如图 2.49 所示。

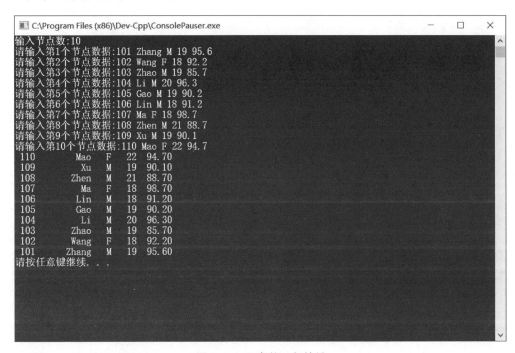

图 2.49　程序的运行结果

2.10 文　　件

1. 实验目的

(1) 掌握文件与文件指针的概念。
(2) 学会使用文件打开、文件关闭、读与写文件等基本的文件操作函数。
(3) 运用文件操作函数进行程序设计。

2. 实验内容

(1) 以文本方式建立初始数据文件，请输入 10 个学生的学号、姓名及考试成绩，形式如下。

```
1001 AAA1 80
1002 AAA2 83
1003 AAA3 84
1004 AAA4 95
1005 AAA5 97
1006 AAA6 81
1007 AAA7 98
1008 AAA8 88
1009 AAB1 93
1010 AAB2 85
```

读入 file1.dat 中的数据，找出最高分和最低分的学生。

```
#include <stdio.h>
#include <stdlib.h>
#define N 10
struct student
{
    int num;
    char name[20];
    int score;
};
int main()
{
    int i;
    student st,stmax,stmin;
    FILE * fp;
    stmax.score = 0;
    stmin.score = 100;
    fp = fopen("file1.dat","r");
    if(!fp) exit(0);
    for(i = 0;i < N;i++)
    {
        fscanf(fp,"%d %s %d",&st.num,st.name,&st.score);
        if(st.score > stmax.score)
            stmax = st;
        if(st.score < stmin.score)
            stmin = st;
```

```
    }
    fclose(fp);
    printf("high:%5d%15s%5d\n",stmax.num,stmax.name,stmax.score);
    printf(" low:%5d%15s%5d\n",stmin.num,stmin.name,stmin.score);
    system("pause");
    return 0;
}
```

① 分析程序,上机运行程序并分析运行结果。

② 如果事先不知道学生个数,则程序应该如何修改？请将以上程序中的循环语句for(i=0;i<N;i++)改为(while(!feof(fp)),再运行程序,看结果是否正确？

(2) 读入file2.dat中的数据,然后按成绩从高到低的顺序进行排序,并将排序结果分别以文本方式存入文件file3.dat中,以二进制形式存入文件file4.dat中。

```
#include<stdio.h>
#include<stdlib.h>
#define N 10
struct student
{
    int num;
    char name[20];
    int score;
};
void sort(struct student *,int);
int main()
{
    int i;
    struct student st[N];
    FILE *fp, *fp1, *fp2;
    fp = fopen("file2.dat","r");
    if(!fp) exit(0);
    for(i=0;i<N;i++)
    fscanf(fp,"%4d%10s%3d",&st[i].num,st[i].name,&st[i].score);
    fclose(fp);
    sort(st,N);
    fp1 = fopen("file3.dat","w");
    for(i=0;i<N;i++)
        fprintf(fp1,"%4d%10s%3d\n",st[i].num,st[i].name,st[i].score);
    fclose(fp1);
    fp2 = fopen("file4.dat","wb");
    fwrite(st,sizeof(struct student),N;fp2);
    fclose(fp2);
    system("pause");
    return 0;
}
void sort(struct student *st,int n)
{
    struct student *i, *j,t;
    for(i=st;i<st+n-1;i++)
        for(j=i+1;j<st+n;j++)
```

```
            if(i->score<j->score)
            {
                t=*i;
                *i=*j;
                *j=t;
            }
        }
```

请分析程序,上机运行程序,运行结果与上一例相比,此例中对读取文件的格式有何不同?

(3) 某班有学生 n 人,每人的信息包括:学号、姓名、性别和成绩。编制一个 C 程序,完成以下操作。

① 定义一个结构体类型数组。
② 打开可读写的新文件 student.dat。
③ 使用函数 fwrite()将结构体数组内容写入文件 student.dat 中。
④ 关闭文件 student.dat。
⑤ 打开可读写文件 student.dat。
⑥ 从文件中依次读出各学生情况并按学生成绩进行排序,输出排好序后的数据。
⑦ 关闭文件 student.dat。

3. 分析与讨论

(1) 文件有哪些优点?
(2) 文件常用的读写操作函数有什么不同?
(3) 调试有关文件的程序要注意什么?

4. 实验内容解答

(1) 将实验内容(1)的内容复制或输入到 C/C++的编辑环境,通过编译、链接和运行得如图 2.50 所示的运行结果。

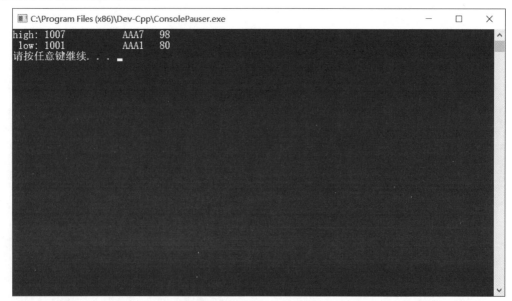

图 2.50　程序(1)的运行结果

将程序中的 for(i=0;i<N;i++)改为 while(！feof(fp))，得到如图 2.51 所示的运行结果。

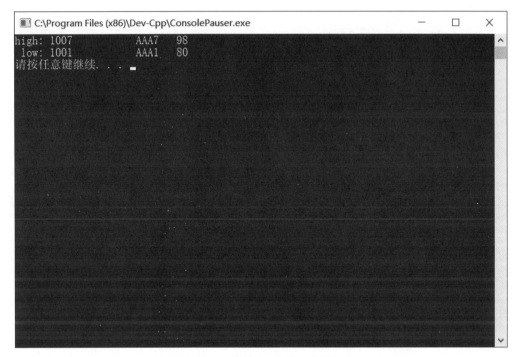

图 2.51 修改后程序的运行结果

(2) 将实验内容(2)的内容复制或输入到 C/C++的编辑环境，进行编译、链接和运行得到 file3.dat 和 file4.dat 文件，分别用记事本或 Notepad++软件打开，查看文件内容。

(3)

```
#include<stdio.h>
#include<stdlib.h>
#define N 145
typedef struct student
{
    int num;
    char name[20];
    char sex;
    double score;
}STU;
void sort(STU [],int n);
int main()
{
    FILE *fp;
    int i;
    STU st[N];
    fp=fopen("d:\\student.dat","wb+");
    if(fp==NULL)
    {
        printf("打开文件失败!\n");
```

```c
            exit(0);
        }
        for(i = 0;i < N;i++)
            scanf("%d %s %c %lf",&st[i].num,st[i].name,&st[i].sex,&st[i].score);
        fwrite(st,sizeof(STU),N,fp);
        for(i = 0;i < N;i++)
            printf("%4d %10s %3c %6.2lf\n",st[i].num,st[i].name,st[i].sex,st[i].score);
        fclose(fp);
        fp = fopen("d:\\student.dat","rb + ");
        if(fp == NULL)
        {
            printf("打开文件失败!\n");
            exit(0);
        }
        fread(st,sizeof(STU),N,fp);
        sort(st,N);
        for(i = 0;i < N;i++)
            printf("%4d %10s %3c %6.2lf\n",st[i].num,st[i].name,st[i].sex,st[i].score);
        fclose(fp);
        system("pause");
        return 0;
    }
    void sort(STU x[],int n)
    {
        int i,j;
        STU t;
        for(i = 0;i < n - 1;i++)
            for(j = 0;j < n - 1 - i;j++)
                if(x[j].score < x[j + 1].score)
                {
                    t = x[j];
                    x[j] = x[j + 1];
                    x[j + 1] = t;
                }
    }
```

第 3 部分　补充习题和模拟试卷

3.1　补充习题

3.1.1　程序填空题

1. 下面程序是输入 n(n<13)，计算 1!+3!+5!+…+n!的值。

```c
#include<stdio.h>
#include<stdlib.h>
int main()
{
  long int f,s=0;
  int i,j,n;
  scanf("%d",&n);
  for(i=1;i<=n;____[1]____)
  {
     f=1;
     for(j=1;____[2]____;j++)
        ____[3]____ ;
     s=s+f;
  }
  printf("n=%d,s=%ld\n",n,s);
  system("pause");
  return 0;
}
```

答案：

[1] i+=2 或 i=i+2 或 i++,i++
[2] j<=i 或 i>=j 或 j<i+1 或 i+1>j
[3] f=f*j

2. 已定义一个含有 N 个元素的数组 s,函数 fun1()的功能是按顺序分别赋予各元素从 2 开始的偶数,函数 fun2()则按顺序每 M 个元素求一个平均值,并将该值存放在数组 w 中。

```c
#include<stdio.h>
#include<stdlib.h>
#define N 30
```

```
#define M 5
void fun1(double s[])
{
    int k,i;
    for(k = 2,i = 0;i < N;i++)
    {
        ____[1]____ ;
        k += 2;
    }
}
void fun2(double s[],double w[])
{
    double sum = 0.0;
    int k,i;
    for(k = 0,i = 0;i < N;i++)
    {
        sum += s[i];
        ____[2]____ ;
        {
            w[k] = sum/M;
            ____[3]____ ;
            k++;
        }
    }
}
int main()
{
    int i;
    double s[N],w[M];
    fun1(s);
    ____[4]____ ;
    for(i = 0;i < N;i++)
    {
        if(i % 5 == 0) printf("\n");
        printf(" % 8.2lf",s[i]);
    }
    printf("\n");
    for(i = 0;i < M;i++)
        printf(" % 8.2lf",w[i]);
    system("pause");
    return 0;
}
```

答案：

[1] s[i] = k 或 s[i] = (i + 1) * 2
[2] if((i + 1) % M == 0)或 if((i + 1)/M * M == i + 1)
[3] sum = 0 或 sum = 0.0
[4] fun2(s,w)

3. 将一个字符串从下标为 m 的字符开始的全部字符复制后组成另一个字符串。

```
#include<stdio.h>
#include<string.h>
#include<stdlib.h>
void strcopy(char *str1,char *str2,int m)
{
    char *p1,*p2;
    _____[1]_____;
    p2 = str2;
    while(*p1)
    _____[2]_____;
    _____[3]_____;
}
int main()
{
    int i,m;
    char str1[80],str2[80];
    gets(str1);
    scanf("%d",&m);
    _____[4]_____;
    puts(str1);
    puts(str2);
    system("pause");
    return 0;
}
```

答案：

[1] p1 = str1 + m
[2] *p2++ = *p1++ 或 *(p2++) = *(p1++) 或 *p2 = *p1,p2++,p1++ 或 *p2 = *p1++,p2++ 或 *p2++ = *p1,p1++
[3] *p2 = '\0' 或 *p2 = 0 或 *p2 = NULL
[4] strcopy(str1,str2,m)

4. 从键盘上输入一个字符串，将该字符串升序排列后输出到文件 test.txt 中，然后从该文件读出字符串并显示出来。

```
#include<stdio.h>
#include<string.h>
#include<stdlib.h>
int main()
{
    FILE *fp;
    char t,str[100],str1[100];
    int n,i,j;
    if((fp = fopen("test.txt","w")) == NULL)
    {
        printf("can't open this file.\n");
        exit(0);
    }
    printf("input a string:\n");
```

```
        gets(str);
        ___[1]___;
        for(i = 0; ___[2]___ ;i++)
            for(j = 0;j < n - i - 1;j++)
                if( ___[3]___ )
                {
                    t = str[j];
                    str[j] = str[j + 1];
                    str[j + 1] = t;
                }
        ___[4]___;
        fclose(fp);
        fp = fopen("test.txt","r");
        fgets(str1,100,fp);
        printf("%s\n",str1);
        fclose(fp);
        system("pause");
        return 0;
    }
```

答案:

[1] n = strlen(str) 或 for(n = 0;str[n]!= '\0';n++) 或 for(n = 0;str[n];n++) 或 for(n = 0;str[n]!= 0;n++)

[2] i < n 或 n > i 或 i < -1 + n 或 i < n - 1 或 n - 1 > i 或 -1 + n > i 或 i <= n - 1 或 n - 1 >= i 或 -1 + n >= i

[3] str[j]> str[j + 1] 或 str[j + 1]< str[j] 或 str[j+1]< str[j] 或 str[j+1]<= str[j]

[4] fputs(str,fp) 或 fprintf(fp,"%s\n",str) 或 fprintf(fp,"%s",str)

5. 以下程序的功能是：输入 n(n≤30)，产生并输出如下 n＝7 形式的方阵。

$$\begin{vmatrix} 1 & 2 & 2 & 2 & 2 & 2 & 1 \\ 3 & 1 & 2 & 2 & 2 & 1 & 4 \\ 3 & 3 & 1 & 2 & 1 & 4 & 4 \\ 3 & 3 & 3 & 1 & 4 & 4 & 4 \\ 3 & 3 & 1 & 5 & 1 & 4 & 4 \\ 3 & 1 & 5 & 5 & 5 & 1 & 4 \\ 1 & 5 & 5 & 5 & 5 & 5 & 1 \end{vmatrix}$$

```c
#include< stdio.h >
#include< stdlib.h >
#define N 30
int main()
{
    int a[N][N];
    int i,j,n;
    scanf("%d",&n);
    for(i = 0;i < n;i++)
        for(j = 0;j < n;j++)
        {
```

```
            if(_____[1]_____) a[i][j] = 1;
            else if(i < j && i + j < n - 1)_____[2]_____;
            else if(i > j && i + j < n - 1) a[i][j] = 3;
            else if(_____[3]_____) a[i][j] = 4;
            else a[i][j] = 5;
        }
    for(i = 0; i < n; i++)
    {
        for(j = 0; j < n; j++)
            printf("%4d", a[i][j]);
        _____[4]_____;
    }
    system("pause");
    return 0;
}
```

答案:

[1] i == j || i + j == n - 1
[2] a[i][j] = 2
[3] i < j && i + j > n - 1 或 j > i && i + j > n - 1 或 i < j && i + n - 1 < j 或 j > i && i + n - 1 < j
[4] printf("\n")

6. 输出 100～1000 的各位数字之和能被 15 整除的所有数,输出时每 10 个一行。

```
#include <stdio.h>
#include <stdlib.h>
int main()
{
    int m, n, k, i = 0;
    for(m = 100; m <= 1000; m++)
    {
        _____[1]_____;
        n = m;
        do
        {
            k = k + _____[2]_____;
            n = n/10;
        }
        _____[3]_____;
        if(k % 15 == 0)
        {
            printf("%5d", m);
            i++;
            if(i % 10 == 0) _____[4]_____;
        }
    }
    system("pause");
    return 0;
}
```

答案：

[1] k = 0
[2] n％10 或 n-n/10*10 或 n-10*(n/10)
[3] while(n>0) 或 while(0<n) 或 while(n!=0) 或 while(0!=n)
[4] printf("\n")

7. 从键盘上输入一字符串和一个字符，在字符串中删除与输入字符相同的字符。

```
# include <stdio.h>
# include <stdlib.h>
# define N 80
int main()
{
 char str[N],ch;
 int i,k = 0;
 gets(____[1]____);
 ch = getchar();
 for(i = 0;____[2]____;i++)
    if(str[i]!= ch)
    {
      ____[3]____;
      k++;
    }
   ____[4]____;
 puts(str);
 system("pause");
 return 0;
}
```

答案：

[1] str
[2] str[i]!= '\0' 或 str[i]!= NULL 或 str[i]!= 0 或 str[i]
[3] str[k] = str[i] 或 *(str + k) = *(str + i) 或 str[k] = *(str + i) 或 *(str + k) = str[i]
[4] str[k] = '\0' 或 *(str + k) = '\0' 或 str[k] = NULL 或 str[k] = 0 或 *(str + k) = 0 或 *(str + k) = NULL

8. 输入一字符串，删除该字符串中的所有数字字符。

```
# include <stdio.h>
# include <stdlib.h>
# define N 80
void delnum(char *s)
{
 int i,j;
 for(i = 0,j = 0;____[1]____'\0';i++)
   if(s[i]<'0'____[2]____s[i]>'9')
   {
     ____[3]____;
     j++;
   }
```

```
    s[j] = '\0';
}
int main()
{
    char item[N];
    printf("\输入一个字符串:\n");
    gets(item);
    ____[4]____ ;
    printf("\n%s",item);
    system("pause");
    return 0;
}
```

答案：

[1] s[i]!= 或 *(s+i)!= 或 *(i+s)!=
[2] ||
[3] s[j] = s[i] 或 *(s+j) = *(s+i) 或 s[j] = *(s+i) 或 *(s+j) = s[i]
[4] delnum(item)

9. 输入字符串,统计该字符串中的字母、数字、空格和其他字符的个数。

```
#include<stdio.h>
#include<stdlib.h>
    ____[1]____ ;
int main()
{
    char s1[80];
    int a[4] = {0};
    int k;
    gets(s1);
    ____[2]____ ;
    puts(s1);
    for(k = 0;k < 4;k++)
        printf("%4d",a[k]);
    system("pause");
    return 0;
}
void fun(char s[],int b[])
{
    int i;
    for(i = 0;s[i]!= '\0';i++)
    if('a'<= s[i]&&s[i]<= 'z'||'A'<= s[i]&&s[i]<= 'Z')
        b[0]++;
    else if(____[3]____)
        b[1]++;
    else if(____[4]____)
        b[2]++;
    else
        b[3]++;
}
```

答案：

[1] void fun(char s[ ], int b[ ])或 void fun(char [ ], int [ ])
[2] fun(s1,a)
[3] '0'<= s[i] && s[i]<= '9' 或 s[i]>= '0' && s[i]<= '9' 或 '0'<= s[i] && '9'>= s[i] 或 s[i]>= '0' && '9'>= s[i] 或 48 <= s[i] && s[i]<= 57 或 s[i]>= 48 && s[i]<= 57 或 48 <= s[i] && 57 >= s[i] 或 s[i]>= 48 && 57 >= s[i] 或 !(x < 48 || x > 57) 或 !(x < '0' || x > '9')
[4] s[i] == ' ' 或 s[i] == 32

10. 数组中元素已递增排序，下面的函数为二分法查找 key 值，若找到 key 则返回对应的下标，否则返回－1。

```
#include<stdio.h>
#include<stdlib.h>
#define N 10
int fun(int a[ ], int n, int key)
{
  int low, high, mid;
  low = 0;
  high = n - 1;
  while(    [1]    )
  {
     mid = (low + high)/2;
     if(key < a[mid])
        [2]    ;
     else if(key > a[mid])
        [3]    ;
     else
        [4]    ;
  }
  return -1;
}
int main()
{
  int a[N] = {1,2,3,4,5,6,7,8,9,10};
  int b,c;
  scanf("%d",&b);
  c = fun(a,N,b);
  if(c == -1)
    printf("not found");
  else
    printf("position %d\n",c);
  system("pause");
  return 0;
}
```

答案：

[1] low <= high 或 high >= low
[2] high = mid - 1
[3] low = mid + 1
[4] return mid 或 return(mid)

11. 计算并输出 high 以内最大的 10 个素数之和,high 由主函数传给 fun()函数,若 high 的值为 100,则函数的值为 732。

```c
#include <stdio.h>
#include <math.h>
#include <stdlib.h>
int fun(int  high)
{
  int sum = 0,  n = 0,  j,  yes;
  while((high >= 2) && (____[1]____))
  {
    yes = 1;
    for(j = 2; j <= high/2; j++)
      if(____[2]____)
      {
        yes = 0;
        break;
      }
    if(yes)
    {
      sum += high;
      n++;
    }
    high--;
  }
  ____[3]____ ;
}

int main()
{
  int n;
  scanf("%d",&n);
  printf("%d\n", fun(n));
  system("pause");
  return 0;
}
```

答案:

[1] n < 10 或 10 > n
[2] high % j == 0 或 !(high % j)
[3] return sum 或 return v(sum)

12. 将 s 所指字符串的正序和反序进行连接,形成一个新串放在 t 所指的数组中。例如,当 s 串为"ABCD"时,则 t 串的内容应为"ABCDDCBA"。

```c
#include <stdio.h>
#include <stdlib.h>
void fun(char  *s, char  *t)
{
    int  i, d;
```

```
        d = ___[1]___ ;
        for(i = 0; i < d;  __[2]__ )
            t[i] = s[i];
        for(i = 0; i < d; i++)
            t[ __[3]__ ] = s[d - 1 - i];
        t[ __[4]__ ] = '\0';
    }
    int main()
    {
        char s[100], t[100];
        printf("\n 请输入字符串 S:");
        scanf("%s", s);
        fun(s, t);
        printf("\n 运行结果：%s\n", t);
        system("pause");
        return 0;
    }
```

答案：

[1] strlen(s)
[2] i++ 或 i = i + 1 或 i += 1 或 ++i
[3] d + i 或 i + d
[4] 2 * d 或 d * 2 或 i + d 或 d + i

13. 输入 N 个数，最大的元素与最后一个元素交换，最小的元素与第一个元素交换，输出这些数。

```
    # include < stdio.h >
    # include < stdlib.h >
    # define N 10
    void input(int [], int);
    void max_min(int [], n);
    void output(int [], int);
    int main()
    {
        int n, number[N];
        scanf("%d", &n);
        input(number, n);
        max_min(number, n);
        output(number, n);
        system("pause");
        return 0;
    }
    void input(int number[], int n)
    {
        int i;
        for(i = 0;  __[1]__  ; i++)
            scanf("%d", &number[i]);
    }
    void max_min(int array[], int n)
```

```
    {
        int *max, *min,k,l;
        int *p, *arr_end;
        arr_end = array + n;
        max = min = array;
        for(p = array + 1;p < arr_end;p++)
        {
            if( *p > *max)
                max = p;
            if( *p < *min)
                ____[2]____ ;
        }
        k = *max;
        l = *min;
        *p = array[0];
        array[0] = l;
        ____[3]____ ;
        *p = array[n - 1];
        ____[4]____ ;
        k = *p;
    }
    void output(int array[ ],int n)
    {
        int *p;
        for(p = array;p < array + n - 1;p++)
        printf(" %d", *p);
        printf("\n");
    }
```

答案：

[1] i < n 或 n > i
[2] min = p
[3] l = *p
[4] array[n - 1] = k

14. 两个乒乓球队进行比赛，各出三人。甲队为 a、b、c 三人，乙队为 x、y、z 三人。已抽签决定比赛名单。有人向队员打听比赛的名单。a 说他不和 x 比，c 说他不和 x、z 比，请编程序找出各选手的对阵名单。

```
#include<stdio.h>
#include<stdlib.h>
int main()
{
    char i,j,k;           /* i是a的对手,j是b的对手,k是c的对手 */
    for(i = 'x';i <= 'z';i++)
        for(j = 'x';j <= 'z';j++)
        {
            if(____[1]____)
                for(k = 'x';____[2]____;k++)
                {
```

```
            if(_____[3]_____)
            {
              if(i!='x'&&k!=_____[4]_____)
                printf("比赛顺序: a--%c\tb--%c\tc--%c\n",i,j,k);
            }
          }
        }
      }
   system("pause");
   return 0;
}
```

答案:

[1] i!=j 或 i != j
[2] k<='z' 或 'z'>=k
[3] i!=k&&j!=k 或 i != k && j != k
[4] 'z'

15. 从键盘输入一个字符串,将小写字母全部转换成大写字母,然后输出到一个磁盘文件 test 中保存。输入的字符串以 # 结束。

```
#include<stdlib.h>
#include<stdlib.h>
int main()
{
    FILE *fp;
    char str[100];
    int i=0;
    if((fp=fopen("test",_____[1]_____))==NULL)
    {
        printf("cannot open the file\n");
        exit(0);
    }
    printf("please input a string:\n");
    gets(_____[2]_____);
    while(str[i]!='#')
    {
        if(str[i]>='a'&&_____[3]_____)
            str[i]=str[i]-32;
        fputc(str[i],fp);
        i++;
    }
    fclose(_____[4]_____);
    fp=fopen("test","r");
    fgets(str,strlen(str)+1,fp);
    printf("%s\n",str);
    fclose(fp);
    system("pause");
    return 0;
}
```

答案：

[1] "w"
[2] str
[3] str[i]<= 'z' 或 'z'>= str[i]
[4] fp

16. 有 N 个学生，每个学生有 M 门课的成绩，从键盘输入以上数据(包括学生号,姓名,三门课成绩),计算出平均成绩,设原有的数据和计算出的平均分数存放在磁盘文件 stud 中。

```c
#include <stdio.h>
#include <stdlib.h>
#define N 5
#define M 3
struct student
{
    char num[6];
    char name[8];
    int score[M];
    double avr;
} stu[N];
int main()
{
    int i,j;
    double sum;
    FILE *fp;
    for(i=0;i<N;i++)
    {
        printf("\n请输入 No. %d 的成绩:\n",i);
        printf("stuNo:");
        scanf(" %s",stu[i].num);
        printf("name:");
        scanf(" %s",stu[i].name);
        sum = 0;
        for(j=0;   [1]   ;j++)
        {
            printf("score %d.",j+1);
            scanf(" %d",&stu[i].score[j]);
            sum += stu[i].  [2]  ;
        }
        stu[i].avr = sum/M;
    }
    fp = fopen("stud.dat","w");
    for(i=0;i<N;   [3]   )
        if(fwrite(&stu[i],sizeof(   [4]   ),1,fp)!=1)
            printf("文件写错误!\n");
    fclose(fp);
    system("pause");
    return 0;
}
```

答案：

[1] j < M 或 M > j
[2] score[j]
[3] i++ 或 ++i 或 i = i + 1
[4] struct student

17. 有 n 个人围成一圈，顺序排号。从第一个人开始报数（从 1 到 m 报数），凡报到 m 的人退出圈子，问最后留下的是原来的第几号。

```
#include<stdio.h>
#include<stdlib.h>
#define nmax 50
int main()
{
    int i,j,k,m,n,num[nmax], * p;
    printf("请输入总人数和间隔数:");
    scanf("%d %d",&n,&m);
    p = num;
    for(i = 0;    [1]    ;i++)
        *(p + i) =    [2]   ;
    i = 0;
    k = 0;
    j = 0;
    while(j < n - 1)
    {
        if(    [3]    != 0) k++;
        if(k == m)
        {
            *(p + i) = 0;
            k = 0;
            j++;
        }
        i++;
        if(i == n) i = 0;
    }
    while(    [4]   ) p++;
    printf("%d 被留下!\n", * p);
    system("pause");
    return 0;
}
```

答案：

[1] i < n 或 n > i
[2] i + 1 或 1 + i
[3] *(p + i) 或 *(i + p) 或 p[i]
[4] * p == 0 或 0 == * p

18. 将长整型数中每位上为奇数的数依次取出，构成一个新数放在 t 中。高位仍在高位，低位仍在低位。

```c
# include < stdio. h >
# include < stdlib. h >
void fun( long s, long * t)
{
    int d;
    long sl = 1;
    ____[1]____ = 0;
    while( s > 0)
    {
        d = ____[2]____ ;
        if( d % 2)
        {
            * t = ____[3]____ + * t;
            ____[4]____ ;
        }
        s /= 10;
    }
}
int main( )
{
    long s, t;
    printf("\n请输入一个正整数:");
    scanf(" % ld", &s);
    fun( s, &t);
    printf("结果是: % ld\n", t);
    system("pause");
    return 0;
}
```

答案：

[1] * t
[2] s % 10
[3] d * sl 或 sl * d
[4] sl * = 10 或 sl = sl * 10

19. 将一个英文句子中出现的某人的名字，替换成指定的另一个人的名字。规定：名字是一个单独的单词，而不是一个单词的一部分，也不由多个单词构成。例如，原来的英文句子为"Bob is a good boy. We love Bob. "，要求将"Bob"替换成"John"，则替换后的句子为"John is a good boy. We love John. "

```c
# include < stdio. h >
# include < string. h >
# include < ctype. h >
# include < stdlib. h >
void fun( char * str, char * orgname, char * newname)
{
    int i, j, k;
    char buf[512];
    for( ____[1]____ ; str[i] != '\0'; i++)
    {
```

```c
            for(j = i,     [2]    ;str[j] = orgname[k];j++,k++);
        if(orgname[k] == '\0'&&(i == 0||!isalpha(str[i-1]))&&!isalpha(str[j]))
            {
                strcpy(buf,str + j);
                strcpy(str + i,newname);
                strcpy(str + i + strlen(newname),     [3]    );
            }
        }
    }
}
int main()
{
    char s[512] = "Bob is a good boy. We love Bob.";
    char * olds = "Bob", * news = "John";
    puts(s);
    fun(     [4]    );
    puts(s);
    system("pause");
    return 0;
}
```

答案:

[1] i = 0
[2] k = 0
[3] buf
[4] s,olds,news

20. 函数 STU * insert(STU * head,STU * p)是将 p 指向的结点作为首结点插入 head 指向的链表中,main()函数接收从键盘输入的一行字符,每接收一个整数后,申请一个新结点保存该整数,并调用 insert()函数将新结点插入到链表的表头,最后从表头开始依次输出该链表各结点成员 c 的值。

```c
#include <stdio.h>
#include <stdlib.h>
typedef struct node
{
    int c;
    struct node * next;
}STU;
STU * insert(STU * head,STU * p);
int main()
{
    char x;
    STU * head = NULL, * p;
    while((ch = getchar())!= '\n')
    {
        p = (STU *)malloc(sizeof(STU));
             [1]      = ch;
        p -> next = NULL;
             [2]
    }
```

```
        p = head;
        while(p)
        {
            printf("%c",p->c);
            _____[3]_____ ;
        }
        system("pause");
        return 0;
    }
    STU * insert(STU * head,STU * p)
    {
        if(head == NULL)
          head = p;
        else
        {
            _____[4]_____ ;
            head = p;
        }
        return head;
    }
```

答案：

[1] p->c
[2] head = insert(head,p)
[3] p = p->next
[4] p->next = head

3.1.2 程序改错题

1. 输入正整数 n(n≥3)，计算 $s = 1 + \dfrac{1}{3} + \dfrac{1}{5} + \dfrac{1}{7} + \cdots + \dfrac{1}{2n-3}$ 的值。

```
#include <stdio.h>
#include <stdlib.h>
double fun(int m)
{
  /**********[1]**********/
  double s = 1
  int i;
  /**********[2]**********/
  for(i = 3; i < m; i++)
    /**********[3]**********/
    s += 1.0/(2i - 3);
  return(s);
}
int main()
{
  int n;
  printf("Enter n: ");
  scanf("%d", &n);
```

```
        printf("\n 结果是: %1f\n", fun(n));
        system("pause");
        return 0;
}
```

答案:

[1] double s = 1;
[2] for(i = 3; i <= m; i++) 或 for(i = 3; i < m + 1; i++)
[3] s += 1.0/(2 * i - 3);

2. 从键盘接收一个字符串,然后按照字符顺序从小到大进行排序,并删除重复的字符。

```
#include <stdio.h>
#include <string.h>
#include <stdlib.h>
int main()
{
 char str[100], *p, *q, *r, c;
 printf("输入字符串:");
 gets(str);
 /**********[1]**********/
 for(p = str; p; p++)
 {
  for(q = r = p; *q; q++)
   if(*r > *q)
    r = q;
  /**********[2]**********/
  if(r == p)
  {
   /**********[3]**********/
   c = r;
   *r = *p;
   *p = c;
  }
 }
 for(p = str; *p; p++)
 {
  for(q = p; *p == *q; q++);
  strcpy(p + 1, q);
 }
 printf("结果字符串: %s\n", str);
 system("pause");
 return 0;
}
```

答案:

[1] for(p = str; *p; p++)
[2] if(r != p)
[3] c = *r;

3. 读入一行英文文本,将其中每个单词的最后一个字母改成大写,然后输出此文本行

（这里的"单词"是指由空格隔开的字符串）。例如，若输入"I am a student to take the examination."，则应输出"I aM A studenT tO takE thE examination."。

```
#include<conio.h>
#include<stdio.h>
#include<ctype.h>
#include<string.h>
#include<stdlib.h>
void fun(char *p)
{
 /**********[1]**********/
 integer k = 0;
 for(; *p; p++)
  if(k)
   {
    /**********[2]**********/
    if( *p = ' ')
    {
     k = 0;
     /**********[3]**********/
     *(p - 1) = toupper( *(p-1);
    }
   }
  else if( *p != ' ') k = 1;
  (p-1) = toupper(p-1);
}

int main()
{
  char str[81];
  printf("\n请输入一个字符串：");
  gets(str);
  printf("\n\n变换之前：%s \n", str);
  fun(str);
  printf("\n变换之后：%s \n", str);
  system("pause");
  return 0;
}
```

答案：

[1] int k = 0;
[2] if(*p == ' ')
[3] *(p - 1) = toupper(*(p - 1));

4. 输入 n 个整数，找出其中最大的数及其下标。

```
#include<stdio.h>
#include<stdlib.h>
#define N 10
/**********[1]**********/
float fun(int *a, int *b, int n)
```

```
    {
        int *c, max = *a;
        for(c = a + 1; c < a + n; c++)
            if(*c > max)
            {
                max = *c;
                /********** [2] **********/
                b = c - a;
            }
        return max;
    }
    int main()
    {
        int a[N], i, max, p = 0;
        printf("请输入 N 个整数:\n");
        for(i = 0; i < N; i++)
            /********** [3] **********/
            scanf("%d", a[i]);
        /********** [4] **********/
        m = fun(a, p, N);
        printf("max = %d, position = %d", max, p);
        system("pause");
        return 0;
    }
```

答案:

[1] int fun(int *a, int *b, int n)
[2] *b = c - a;
[3] scanf("%d", &a[i]); 或 scanf("%d", a + i);
[4] max = fun(a, &p, N);

5. 计算 0~7 这 8 个数字所能组成的奇数个数。

```
#include <stdio.h>
#include <stdlib.h>
int main()
{
    /********** [1] **********/
    long sum = 4; s = 4;
    int j;
    for(j = 2; j <= 8; j++)
    {
        /********** [2] **********/
        printf("\n%d", sum);
        /********** [3] **********/
        if(j < 2)
            s *= 7;
        else
            s *= 8;
        sum += s;
    }
```

```
        printf("\nsum = % ld",sum);
        system("pause");
        return 0;
    }
```

答案：

[1] long sum = 4,s = 4;
[2] printf("\n%ld",sum);
[3] if(j<=2) 或 if(j<3)

6. 将 a 所指字符串中的字符和 b 所指字符串中的字符,按排列的顺序交叉合并到 c 所指数组中,过长的剩余字符接在 c 所指数组的尾部。例如,当 a 所指字符串中的内容为"abcdefg",b 所指字符串中的内容为"1234"时,c 所指数组中的内容应该为"a1b2c3d4efg";而当 a 所指字符串中的内容为"1234",b 所指字符串中的内容为"abcdefg"时,c 所指数组中的内容应该为"1a2b3c4defg"。

```
#include<stdlib.h>
#include<stdio.h>
/**********[1]**********/
fun(char a, char b, char c)
{
    while(*a && *b)
    {
        *c = *a;
        c++;
        a++;
        *c = *b; c++; b++;
    }
    if(*a == '\0')
    /**********[2]**********/
    while(*b) *c = *b; c++; b++; }
    else
    /**********[3]**********/
    while(*a) *c = *a; c++; a++;
    *c = '\0';
}
int main()
{
    char s1[100], s2[100], t[200];
    printf("\nEnter s1 string: ");
    scanf("%s",s1);
    printf("\nEnter s2 string: ");
    scanf("%s",s2);
    fun(s1, s2, t);
    printf("\nThe result is: %s\n", t);
    system("pause");
    return 0;
}
```

答案：

[1] void fun(char *a, char *b, char *c)
[2] while(*b) { *c = *b; c++; b++; }
[3] while(*a) { *c = *a; c++; a++; }

7. 求广义斐波那契级数的第 n 项。广义斐波那契级数的前 n 项为 1,1,1,3,5,9,17, 31,… 项值通过函数值返回 main()函数。例如，若 n=15，则应输出：The value is: 2209。

```
# include < stdlib. h >
# include < stdio. h >
long fun( int n)
{
    long a = 1, b = 1, c = 1, d = 1, k;
    /********** [1] **********/
    for(k = 4; k < n; k++)
    {
        d = a + b + c;
        /********** [2] **********/
        a = b
        b = c;
        c = d;
    }
    /********** [3] **********/
    return k;
}
int main()
{
    int n;
    scanf("%d",&n);
    printf("The value is: %ld\n", fun(n));
    system("pause");
    return 0;
}
```

答案：

[1] for(k = 4; k <= n; k++)
[2] a = b;
[3] return d;

8. 编写一个函数，该函数可以统计一个长度为 3 的字符串在另一个字符串中出现的次数。例如，假定输入的字符串为 asdasasdfgasdaszx67asdmklo,字符串为 asd,则应输出 n=4。

```
# include < stdio. h >
# include < string. h >
# include < stdlib. h >
int fun(char *str,char *substr)
{
    /********** [1] **********/
    int i,n = 0
    /********** [2] **********/
```

```
        for(i = 0;i <= strlen(str);i++)
            if((str[i] == substr[0])&&(str[i + 1] == substr[1])&&(str[i + 2] == substr[2]))
                /********** [3] **********/
                ++i;
        return n;
}
int main()
{
    char str[81],substr[4];
    int n;
    printf("输入主字符串：");
    gets(str);
    printf("输入子字符串：");
    gets(substr);
    puts(str);
    puts(substr);
    n = fun(str,substr);
    printf("n = %d\n",n);
    system("pause");
    return 0;
}
```

答案：

[1] int i,n = 0;
[2] for(i = 0;i <= strlen(str) - 3;i++) 或 for(i = 0;i < strlen(str) - 2;i++)
[3] n++; 或 n += 1; 或 n = n + 1; 或 ++n;

9. 输入一个字符串，过滤此串中的字母字符，并统计新生成串中包含的字符个数。例如，输入的字符串为 ab234 $ df4，则输出为：

```
The new string is 234 $ 4
There are 5 char in the new string.
# include < stdio.h >
# include < stdlib.h >
# define N 80
int fun(char *ptr)
{
    int i,j;
    /********** [1] **********/
    for(i = 0,j = 0; *(ptr + i)!= "\0";i++)
        /********** [2] **********/
        if(*(ptr + i)>'z'|| *(ptr + i)<'a'|| *(ptr + i)>'Z' || *(ptr + i)<'A')
        {
            /********** [3] **********/
            (ptr + j) = (ptr + i);
            j++;
        }
    *(ptr + j) = '\0';
    return(j);
}
```

```
int main()
{
    char str[N];
    int s;
    printf("input a string:");
    gets(str);
    printf("The original string is:");
    puts(str);
    s = fun(str);
    printf("The new string is:");
    puts(str);
    printf("There are %d char in the new string.\n",s);
    system("pause");
    return 0;
}
```

答案:

[1] for(i = 0,j = 0; *(ptr + i)!= '\0';i++)
[2] if(*(ptr + i)>'z' || *(ptr + i)<'a'&& *(ptr + i)>'Z' || *(ptr + i)<'A')
[3] *(ptr + j) = *(ptr + i);

10. 求出在字符串中最后一次出现的子字符串的地址,通过函数值返回,在主函数中输出从此地址开始的字符串;若未找到,则函数值为 NULL。例如,当字符串中的内容为"abcdabfabcdx",t 中的内容为"ab"时,输出结果应是 abcdx。当字符串中的内容为"abcdabfabcdx",t 中的内容为"abd"时,则程序输出未找到信息:Not ERROR!。

```
#include <stdio.h>
#include <string.h>
#include <stdlib.h>
char *fun(char *s, char *t)
{
    char *p, *r, *a;
    /**********[1]**********/
    a == NULL;
    while(*s)
    {
        p = s;
        r = t;
        while(*r)
        /**********[2]**********/
        if(r == p)
        {
            r++;
            p++;
        }
        else
            break;
        /**********[3]**********/
        if(*r = '\0') a = s;
        s++;
```

```
        }
        return a;
}
int main()
{
    char s[100], t[100], * p;
    printf("\nPlease enter string S:");
    scanf(" % s", s);
    printf("\nPlease enter substring t:");
    scanf(" % s", t);
    p = fun(s, t);
    if(p)
        printf("\nThe result is: % s\n", p);
    else
        printf("\nNot ERROR !\n");
    system("pause");
    return 0;
}
```

答案：

[1] a = NULL;
[2] if(* r == * p) { r++; p++; }
[3] if(* r == '\0') a = s;

11. 在字符串 str 中找出 ASCII 码值最小的字符，将其放在第一个位置上，并将该字符前的原字符向后顺序移动。例如，调用 fun() 函数之前给字符串输入 eBCDAFGH，调用后字符串中的内容为 AeBCDFGH。

```
#include < stdio. h >
#include < string. h >
#include < stdlib. h >
void fun(char * p)
{
    char min, * q = p; int i = 0;
    min = p[ i];
    while(p[ i]!= 0)
    {
        if(min > p[ i])
        {
            min = p[ i];
            /********** [1] **********/
            p = p + i;
        }
        i++;
    }
    /********** [2] **********/
    while(q < p)
    {
        /********** [3] **********/
        * q = (q - 1);
```

```
            q--;
        }
        p[0] = min;
}
int main()
{
    char str[80];
    printf("Enter a string:");
    gets(str);
    printf("\nThe original string:");
    puts(str);
    fun(str);
    printf("\nThe string after moving:");
    puts(str);
    system("pause");
    return 0;
}
```

答案:

[1] q = p + i;
[2] while(q > p)
[3] *q = *(q-1); 或 q[0] = q[-1];

12. 将 s 所指字符串中最后一次出现的、t1 所指子串替换成 t2 所指子串,所形成的新串放在 w 所指的数组中。在此处,要求 t1 和 t2 所指字符串的长度相同。例如,当 s 所指字符串中的内容为"abcdabfabc",t1 所指子串中的内容为"ab",t2 所指子串中的内容为"99"时,结果在 w 所指的数组中的内容应为"abcdabf99c"。

```
#include <stdio.h>
#include <string.h>
#include <stdlib.h>
int fun(char *s, char *t1, char *t2, char *w)
{
    int i;
    char *p, *r, *a;
    strcpy(w,s);
    /********** [1] **********/
    while(w)
    {
        p = w;
        r = t1;
        while(*r)
        /********** [2] **********/
        if(*r!=*p)
        {
            r++;
            p++;
        }
        else
            break;
```

```
        /********** [3] **********/
        if( * r = '\0') a = w;
        w++;
    }
    r = t2;
    while( * r)
    {
        * a = * r;
        a++;
        r++;
    }
}
int main()
{
    char s[100], t1[100], t2[100], w[100];
    printf("\n输入字符串:");
    scanf(" % s",s);
    printf("\n输入第一个子字符串:");
    scanf(" % s", t1);
    printf("\n输入第二个子字符串:");
    scanf(" % s",t2);
    if(strlen(t1) == strlen(t2))
    {
        fun(s,t1,t2 w);
        printf("\n结果是: % s\n", w);
    }
    else
        printf("\n错误: strlen(t1) != strlen(t2)\n");
    system("pause");
    return 0;
}
```

答案:

[1] while(* w)
[2] if(* r == * p)
[3] if(* r == '\0') a = w;

13. 在一个已按升序排列的数组中插入一个数,插入后,数组元素仍按升序排列。

```
# include < stdio. h >
# include < stdlib. h >
# define N 11
int main()
{
    int i,j,t,number,a[N] = {1,2,4,6,8,9,12,15,149,156};
    printf("请输入一个整数:\n");
    /********** [1] **********/
    scanf(" % d",number);
    printf("插入之前:\n");
    for(i = 0;i < N - 1;i++)
        printf(" % 5d",a[i]);
```

```c
        printf("\n");
        /********** [2] **********/
        for(i = N-1;i >= 0;i--)
        if(number <= a[i])
        /********** [3] **********/
        a[i] = a[i-1];
        else
        {
            a[i+1] = number;
            /********** [4] **********/
            exit;
        }
        if(number < a[0]) a[0] = number;
        printf("插入之后:\n");
        for(i = 0;i < N;i++)
        printf("%5d",a[i]);
        printf("\n");
        system("pause");
        return 0;
}
```

答案：

[1] scanf("%d",&number);
[2] for(i = N-2;i >= 0;i--) 或 for(i = N-2;0 <= i;i--)
[3] a[i+1] = a[i];
[4] break;

14. 移动一维数组中的内容；若数组中有 n 个整数，要求把下标从 0 到 p(含 p,p≤n-1) 的数组元素平移到数组的最后。例如，一维数组中的原始内容为 1,2,3,4,5,6,7,8,9,10,p 的值为 3。移动后，一维数组中的内容应为 5,6,7,8,9,10,1,2,3,4。

```c
#include <stdio.h>
#include <stdlib.h>
#define N 80
void fun(int *w, int p, int n)
{
    /********** [1] **********/
    int i,k = 0,b[n];
    /********** [2] **********/
    for(i = 1; i < n; i++) b[k++] = w[i];
    /********** [3] **********/
    for(i = 0; i <= p; i++) b[k] = w[i];
    for(i = 0; i < n; i++) w[i] = b[i];
}
int main()
{
    int a[N] = {1,2,3,4,5,6,7,8,9,10,11,12,13,14,15};
    int i,p,n = 15;
    printf("原来的数据:\n");
    printf("移动步长：");
```

```
        scanf(" % d",&p);
        / ********** [4] ********** /
        fun(a[N],p,n);
        printf("\n 移动后的结果:\n");
        for(i = 0; i < n; i++)
        printf(" % d ",a[i]);
        printf("\n\n");
        system("pause");
        return 0;
}
```

答案：

[1] int i,k = 0,b[N];
[2] for(i = p + 1; i < n; i++) b[k++] = w[i];
[3] for(i = 0; i <= p; i++) b[k++] = w[i];
[4] fun(a,p,n);

15. string 数组内存放了若干个字符串，以下程序从中找出最长的字符串（如果有多个长度相同且为最长的字符串，则约定第一个为最长的字符串），并在该字符串中的每个数字字符前插入一个空格。

例如，如果 string 数组中的字符串为 " A1B23CD45 "" EF2G34 "," ER45DF678 " "985GHJ211FGH"，则最长的字符串为 "985GHJ211FGH"，插入空格后该字符串变为"9 8 5GHJ 2 1 1FGH"。

函数 maxstr()的功能是在存放于 ss 数组中的 m 个字符串中查找最长的字符串，并返回最长字符串所在数组行的行下标。

函数 insert()的功能是在 str 数组中所存放的字符串内每个数字字符前插入一个空格。

【测试数据与运行结果】

测试数据："A1B23CD45","EF2G34","ER45DF678","985GHJ211FGH"

屏幕输出：The maxstring：   985GHJ211FGH
         The changedstring：9 8 5GHJ 2 1 1 FGH

```
# include < ctype.h >
# include < string.h >
# include < stdio.h >
# include < conio.h >
# include < stdlib.h >
# define M 4
# define N 80
/ ********** [1] ********** /
int maxstr(char( * ss)[N],int m);
{
    int i,len,maxlen,n;
    maxlen = strlen(ss[0]);
    n = 0;
    for(i = 1; i < m; i++)
    {   len = strlen(ss[i]);
        if(len > maxlen)
```

```
            {   maxlen = len;
                n = i;
            }
        }
        return n;
}
void insert(char str[ ])
{
/********** [2] **********/
int i,j,len;
    len = strlen(str);
    while(str[j])
        if(isdigit(str[j]))
        {   for(i = len;i > = j;i -- )
            str[i + 1] = str[i];
            str[j] = ' ';
/********** [3] **********/
            j += 3;
            len++;
        }
        else j++;
}
int main()
{
    int n;
    char string[ ][N] = { "A1B23CD45","EF2G34","ER45DF678","985GHJ211FGH"};
    n = maxstr(string,M);
    printf("最长字符串:%s\n",string[n]);
/********** [4] **********/
    insert(string[ ]);
    printf("变换后的字符串:%s\n",string[n]);
    system("pause");
    return 0;
}
```

答案:

[1] int maxstr(char(* ss)[N],int m)
[2] j += 2
[3] int i,j = 0,len;
[4] insert(string[n])

16. 以下程序中函数 void csort(char str[ ][N],int n)对 str 指向的二级数组前 n 行中存储的 n 个字符串分别做如下处理:从中间将字符串一分为二,左半部分字符子串按字符的 ASCII 码从大到小排序(若字符串长度为奇数,则中间字符不参加排序)。

【测试数据与运行结果】

测试字符串:"abcdefgh","123498765"

屏幕输出:dcbaefgh
　　　　 432198765

```c
#include<stdio.h>
#include<string.h>
#include<stdlib.h>
#define N 80
void csort(char str[][N],int n);
int main()
{
/********** [1] ********** /
    char s[2][N] = "abcdefgh","123498765";
    int i;
    csort(s,2);
    for(i = 0;i < 2;i++)
/********** [2] ********** /
        puts(s);
    system("pause");
    return 0;
}
void csort(char str[][N],int n)
{
    int i,j,k,len,half;
    char temp;
    for(i = 0;i < n;i++)
    {
/********** [3] ********** /
     len = strlen(str[i][0]);
/********** [4] ********** /
    half = len/2;
    for(j = 0;j < half - 1;j++)
      for(k = j + 1;k < half - 1;k++)
        if(str[i][j]< str[i][k])
        {
         temp = str[i][j];
         str[i][j] = str[i][k];
         str[i][k] = temp;
        }
    }
}
```

答案:

[1] char s[2][N] = {"abcdefgh","123498765"}
[2] puts(s[i])
[3] len = strlen(str)
[4] half = len/2 + 1

17. 以下程序验证:对任意一个各位数字不全相同的四位数(例如6388),经如下变换总能得到一个固定的四位数6174。变换方法是:先将该数各位上的数字从小到大排列得到一个最小数(例如3688),从小到大排列得到一个最大数(例如8863);再用最大数减最小数得到一个新的四位数(例如8863－3688＝5175),若相减后得到的数不足四位则高位补零;称此过程为一次变换。再对新的四位数按上述方法实施一次变换又得到一个四位数;如此重复多次,一定会得到 6174(程序中设定:若变换超过 20 次,则认为上述论断为假)。函数 change()的功能是用整数 n 的各位数字分别组成一个最大数和一个最小数,用大数减小数作为函数的返回值。

【测试数据与运行结果】

测试数据:6388

屏幕输出:

$$8863-3688=5175$$
$$7551-1557=5994$$
$$9954-4599=5355$$
$$5553-3555=1998$$
$$9981-1899=8082$$
$$8820-288=8532$$
$$8532-2358=6174$$

Change numbers:7

```c
#include<stdio.h>
#include<stdlib.h>
int change(int n)
{
/ ********** [1] ********** /
    int[ ],i,j,k,t;
    for(i=0;i<4;i++)
    {
        a[i]=n%10;
        n/=10;
    }
    for(i=0;i<3;i++)
    {
        k=i;
        for(j=i+1;j<4;j++)
            if(a[k]>a[j])k=j;
            if(k!=i)
                t=a[i],a[i]=a[k],a[k]=t;
    }
    j=t=0;
    for(i=0;i<4;i++)
    {
        j=j*10+a[i];
/ ********** [2] ********** /
        t=t*10+a[4-i];
    }
    printf("%4d-%4d=%4d\n",t,j,t-j);
    return t-j;
}
int main()
{
/ ********** [3] ********** /
```

```
    int data,n;
    printf("Please input data:");
    scanf("%d",&data);
    while(1)
    {
        n++;
        data = change(data);
        /********** [4] **********/
        if(6174 = data||n>=20)
            break;
    }
    if(n>=20)
     printf("failure\n");
    else
     printf("Change numbers:%d\n",n);
    system("pause");
    return 0;
}
```

答案：

[1] int[4],i,j,k,t;
[2] t = t * 10 + a[3 - i];
[3] int data = 0,n;
[4] if(6174 == data||n>=20)

18. 子串查找并替换：函数 substition() 的功能是在 s 指向的字符串(简称 s 串)中查找 t 指向的子串(简称 t 串)，并用 g 指向的字符串(简称 g 串)替换 s 串中所有的 t 串。

【测试数据与运行结果】

测试数据：s：aaacdaaaaaaaefaaaghaa
　　　　　t：aaa
　　　　　g：22

屏幕输出：22cd2222aef22ghaa

```
#include<stdio.h>
#include<string.h>
#include<stdlib.h>
void substitution(char *,char *,char *);
int main()
{
    /********** [1] **********/
    char s[80] = "aaacdaaaaaaaefaaaghaa",t[2] = "aaa",g[] = "22";
    puts(s);
    substitution(s,t,g);
    puts(s);
    system("pause");
    return 0;
}
/********** [2] **********/
```

```
void substitution(char * s,char * t,char * g);
{
    int i,j,k;
    char temp[80];
    /********** [3] **********/
    for(i = 0;s[i] == '\0';i++)
    {
        for(j = i,k = 0;s[j] == t[k]&&t[k]!= '\0';j++,k++);
        if(t[k] == '\0')
        {
            /********** [4] **********/
            temp = s + j;
            strcpy(s + i,g);
            strcat(s,temp);
            i += strlen(g) - 1;
        }
    }
}
```

答案：

[1] char s[80] = "aaacdaaaaaaaefaaaghaa",t[4] = "aaa",g[ ] = "22";

[2] void substitution(char * s,char * t,char * g)

[3] for(i = 0;s[i]!= '\0';i++)

[4] strcpy(temp,s + j);

3.1.3 编程题

1. 编写一程序,利用梯形公式计算 $f(x) = \int_a^b (\sin x + \cos x) dx$ 的近似值。

2. 通过函数调用方式,利用以下公式计算 π 的值(要求某项小于输入的精度就停止计算)。

$$\frac{\pi}{2} = 1 + \frac{1}{3} + \frac{1 \times 2}{3 \times 5} + \frac{1 \times 2 \times 3}{3 \times 5 \times 7} + \frac{1 \times 2 \times 3 \times 4}{3 \times 5 \times 7 \times 9} + \cdots + \frac{1 \times 2 \times \cdots \times n}{3 \times 5 \times \cdots \times (2n+1)}$$

3. 输入正整数 n,求 1~n 中的所有完数(所谓完数是指一个数如果恰好等于除它本身外的因子之和,如 6,不包括它本身的因子是 1,2,3,而 1+2+3=6)。

4. 有一只猴子,第一天摘下若干个桃子,当即吃掉了一半,又多吃了一个；第二天将剩下的桃子吃掉了一半,又多吃了一个,按照这样的吃法:每天都吃前一天剩下的一半,又多吃了一个,到第 n 天,就只剩下一个桃子,问这只猴子第一天共摘下多少个桃子?

5. 利用递归计算组合数 C_n^m(其中,$1 < m \leqslant n \leqslant 30$)。

6. 有 2n 个棋子(n≥4)排成一行,开始位置为白色全部在左边,黑色全部在右边。○○○○●●●●移动棋子的规则是:每次必须同时移动相邻两个棋子,颜色不限,可以左移也可以右移一空位上去,但不能调换两个棋子的左右位,每次移动必须跳过若干个棋子(不能平移),要求最后能够移成黑白相间的一行棋子。例如,当 n=4 时,最终排列情况为:

7. 一个有 n 个元素的一维数组中,将所有相同的数删去,使之只剩一个。例如,一维数组中的数为 2,2,2,3,4,4,5,6,6,6,6,7,7,8,9,9,10,10,10,删除后一维数组的内容为 2,3,4,5,6,7,8,9,10。

8. 有 n 盏灯,编号为 1~n。第 1 个人把所有灯打开,第 2 个人按下所有编号为 2 的倍数的开关(这些灯被关掉),第 3 个人按下所有编号为 3 的倍数的开关(其中关掉的灯将被打开,打开的将被关掉),以此类推。一共有 k 个人,问最后有哪些灯开着?

9. 输入 n(1<n≤500),输出下面 n=5 的逆时针螺旋矩阵。

$$\begin{vmatrix} 1 & 16 & 15 & 14 & 13 \\ 2 & 17 & 24 & 23 & 12 \\ 3 & 18 & 25 & 22 & 11 \\ 4 & 19 & 20 & 21 & 10 \\ 5 & 6 & 7 & 8 & 9 \end{vmatrix}$$

10. 鞍点是指在一个矩阵中,如果某元素在对应的行中最大,且在对应的列中最小,这样的元素称为鞍点。当然一个矩阵中也可能没有"鞍点"。编程寻找矩阵中的"鞍点"位置,如果没有找到,则输出"该矩阵没有鞍点!"。

11. 计算一个仅含有加法运算的表达式的值。注:表达式的长度不超过 255 个字符,中间没有空格与括号,且计算结果在整数范围以内。例如,输入 12+23+21,则输出结果为 56。

12. 函数 int del_name(char s[][20], int n)的功能是在 s 指向的数组前 n 行中存储的 n 个字符串中删除重复出现的字符串,只保留第一次出现的字符串,函数返回 s 指向的数组中剩余的字符串个数。主函数 main()中声明 name 并用测试数据初始化,用 name 作实参调用函数 del_name(),经过删除后将 name 数组中剩余的字符输出。

13. 设一个班级有 N 个人,学生信息包括姓名、学号、数学、计算机、英语。编写一程序求三门课的总分,并将总分与总分最大值相等的同学的等级设置为"优秀",总分与总分最小值相等的同学的等级设置为"不及格",其余同学的等级设置为"合格"。

14. 山顶有 10 个山洞,一只狐狸和一只兔子住在各自的山洞里,狐狸总想吃掉兔子。某天兔子对狐狸说:你想吃掉我有一个条件,先把洞从 1~10 编号,你从 10 号洞出发,先到 1 号洞找我;第二次隔一个洞找我,第三次隔两个洞找我,以此类推,次数不限,若能找到我,你就可以饱餐一顿。不过在没有找到我以前不能停下来,这样狐狸找了 1000 次,也没有找到兔子,问兔子躲在哪些山洞,狐狸找不到?

15. 某校的惯例是在每学期的期末考试之后发放奖学金。发放的奖学金共有五种,获取的条件各自不同。

(1) 院士奖学金,每人 8000 元,期末平均成绩高于 80 分(>80),并且在本学期内发表 1 篇或 1 篇以上论文的学生均可获得。

(2) 五四奖学金,每人 4000 元,期末平均成绩高于 85 分(>85),并且班级评议成绩高于 80 分(>80)的学生均可获得。

(3) 成绩优秀奖,每人 2000 元,期末平均成绩高于 90 分(>90)的学生均可获得。

(4) 西部奖学金,每人 1000 元,期末平均成绩高于 85 分(>85)的西部省份学生均可获得。

(5) 班级贡献奖,每人 850 元,班级评议成绩高于 80 分(>80)的学生干部均可获得。只要符合条件就可以得奖,每项奖学金的获奖人数没有限制,每名学生也可以同时获得多项奖学金。例如,姚林的期末平均成绩是 87 分,班级评议成绩 82 分,同时他还是一位学生干部,那么他可以同时获得五四奖学金和班级贡献奖,奖金总数是 4850 元。

现在给出若干学生的相关数据,请计算哪位同学获得的奖金总数最高(假设总有同学能满足获得奖学金的条件)。

答案:

1.

```c
#include<stdio.h>
#include<math.h>
#include<stdlib.h>
int main()
{
    double s,h,a,b,x;
    long int i,n;
    printf("输入上限和下限(积分区间):");
    scanf("%lf %lf",&a,&b);
    printf("输入梯形数目:");
    scanf("%ld",&n);
    h=(b-a)/n;
    s=((sin(a)+cos(a))+(sin(b)+cos(b)))/2;
    for(x=a,i=1;i<n;i++)
    {
        s=s+(sin(x)+cos(x));
        x=x+h;
    }
    s=s*h;
    printf("s=%lf\n",s);
    system("pause");
    return 0;
}
```

2.

```c
#include<stdio.h>
#include<math.h>
#include<stdlib.h>
int main()
{
    int i;
    double s=0,t=1,eps;
    printf("请输入精度:");
    scanf("%lf",&eps);
    i=1;
    while(fabs(t)>=eps)
    {
        s=s+t;
        t=t*i/(2*i+1);
```

```c
            i++;
        }
        printf("PI = %lf\n", 2 * s);
        system("pause");
        return 0;
}
```

3.
```c
#include <stdio.h>
#include <stdlib.h>
int main()
{
    int i, n, s, k, p;
    printf("输入一个正整数:");
    scanf("%d", &n);
    for(i = 1; i <= n; i++)
    {
        k = i;
        s = 0;
        p = 1;
        while(p < k)
        {
            if(k % p == 0)
            {
                s = s + p;
            }
            p++;
        }
        if(s == i)
            printf("%d 是完数\n", i);
    }
    system("pause");
    return 0;
}
```

4.
```c
#include <stdio.h>
#include <stdlib.h>
int main()
{
    int i, n, a;
    printf("输入天数: ");
    scanf("%d", &n);
    i = n;
    a = 1;
    do
    {
        a = 2 * (a + 1);
        i--;
    }while(i > 1);
```

```c
        printf("一共有%d个桃子!",a);
        system("pause");
        return 0;
}
```

5.
```c
#include <stdio.h>
#include <stdlib.h>
long int combine(int,int);
int main()
{
    int n,m;
    long int p;
    scanf("%d %d",&n,&m);
    p=combine(n,m);
    printf("%ld\n",p);
    system("pause");
    return 0;
}
long int combine(int n,int m)
{
    long int p;
    if(n==m)
        p=1;
    else if(m==1)
        p=n;
    else
        p=combine(n-1,m)+combine(n-1,m-1);
    return p;
}
```

6.
```c
#include <stdio.h>
#include <stdlib.h>
void move(int);
int main()
{
    int n;
    scanf("%d",&n);
    move(n);
    system("pause");
    return 0;
}
void move(int k)
{
  if(k==4)
  {
    printf("4,5 --> 9,10\n");
    printf("8,9 --> 4,5\n");
    printf("2,3 --> 8,9\n");
```

```c
        printf("7,8-->2,3\n");
        printf("1,2-->7,8\n");
    }
    else
    {
        printf(" %d, %d-->%d, %d\n",k,k+1,2*k+1,2*k+2);
        printf(" %d, %d-->%d, %d\n",2*k-1,2*k,k,k+1);
        move(k-1);
    }
}
```

7.

方法一(先排序)：

```c
#include<stdio.h>
#include<stdlib.h>
#define N 100
void sort(int [],int);
int delnum(int [],int);
int main()
{
    int i,n,k,a[N];
    printf("输入元素个数：");
    scanf("%d",&n);
    for(i=0;i<n;i++)
        scanf("%d",&a[i]);
    sort(a,n);
    k=delnum(a,n);
    for(i=0;i<k;i++)
        printf(" %d",a[i]);
    printf("\n");
    system("pause");
    return 0;
}
void sort(int x[],int n)
{
    int i,j,t;
    for(i=0;i<n-1;i++)
        for(j=0;j<n-1-i;j++)
            if(x[j]>x[j+1])
            {
                t=x[j];
                x[j]=x[j+1];
                x[j+1]=t;
            }
}
int delnum(int x[],int n)
{
    int i,j=0,t;
    int *p=x;
    t=p[0];
```

```c
        for(i = 1;i < n;i++)
          if(t == p[i])
            continue;
          else
          {
            x[j] = t;
            t = p[i];
            j++;
          }
        if(i >= n)
          x[j] = t;
        return j;
}
```

方法二（直接删除）：

```c
#include <stdio.h>
#include <stdlib.h>
#define N 100
int delete_num(int [],int);
int main()
{
    int i,n,k,a[N];
    printf("输入元素个数:");
    scanf("%d",&n);
    for(i = 0;i < n;i++)
        scanf("%d",&a[i]);
    k = delete_num(a,n);
    for(i = 0;i < k;i++)
        printf(" %d",a[i]);
    printf("\n");
    system("pause");
    return 0;
}
int delete_num(int x[],int n)
{
    int i,j,k;
    for(i = 0;i < n;i++)
    {
        j = i + 1;
        while(j < n)
        {
            if(x[i] == x[j])
            {
                for(k = j;k < n - 1;k++)
                    x[k] = x[k + 1];
                n--;
            }
            else
                j++;
        }
```

        }
        return n;
}
```

**方法三（利用链表）：**

```c
#include<stdio.h>
#include<stdlib.h>
typedef struct node
{
    int x;
    struct node * next;
}Node;
int main()
{
    Node * head = NULL, * p, * q, * newnode, * r;
    int i,n;
    head = p = (Node * )malloc(sizeof(Node));
    printf("输入结点数：");
    scanf(" %d",&n);
    scanf(" %d",&p->x);
    for(i=1;i<n;i++)
    {
        newnode = (Node * )malloc(sizeof(Node));
        scanf(" %d",&newnode->x);
        p->next = newnode;
        p = p->next;
        p->next = NULL;
    }
    p = head;
    while(p)
    {
        q = head;
        while(q->next!=p&&q->next!=NULL)
        {
            if(p->x == q->next->x)
            {
                q->next = q->next->next;
            }
            else
                q = q->next;
        }
        p = p->next;
    }
    p = head;
    while(p)
    {
        printf(" %d",p->x);
        p = p->next;
    }

```c
        printf("\n");
        system("pause");
        return 0;
}
```

8.
```c
#include <stdio.h>
#include <stdlib.h>
int main()
{
    int a[1001]={0},i,j,n,k;
    scanf("%d %d",&n,&k);
    for(i=1;i<=k;i++)
    {
        for(j=1;j<=n;j++)
        {
            if(j%i == 0)
            {
                if(a[j] == 0)
                    a[j] = 1;
                else
                    a[j] = 0;
            }
        }
    }
    for(i=1;i<=n;i++)
        if(a[i]) printf("%4d",i);
    system("pause");
    return 0;
}
```

9.
```c
#include <stdio.h>
#include <stdlib.h>
#define N 500
int a[N][N];
int main()
{
    int i,j,n,k;
    printf("输入矩阵阶数：");
    scanf("%d",&n);
    i=1;
    j=1;
    for(k=1;k<=n*n;k++)
    {
        a[i][j]=k;
        if(i+j<n+1 && i+1>=j)
            i=i+1;
        else if(i+j>=n+1&&i>j)
            j=j+1;
```

```
            else if(i + j > n + 1 && i <= j)
                i = i - 1;
            else
                j = j - 1;
    }
    for(i = 1; i <= n; i++)
    {
        for(j = 1; j <= n; j++)
            printf(" %5d", a[i][j]);
        printf("\n");
    }
    system("pause");
    return 0;
}
```

10.
```
#include <stdio.h>
#include <stdlib.h>
#define M 100
#define N 200
int SaddlePoint(int *, int *, int [][N], int, int);
int main()
{
    int a[M][N], i, j, x, y, m, n;
    printf("输入矩阵行数和列数:");
    scanf("%d %d", &m, &n);
    printf("输入矩阵元素:\n");
    for(i = 0; i < m; i++)
      for(j = 0; j < n; j++)
        scanf("%d", &a[i][j]);
    if(SaddlePoint(&x, &y, a, m, n))
      printf("鞍点的位置是(%d, %d)\n", x, y);
    else
      printf("该矩阵没有鞍点!\n");
    system("pause");
    return 0;
}
int SaddlePoint(int *row, int *col, int x[][N], int m, int n)
{
    int max, i, j, k, flag;
    for(i = 0; i < m; i++)
    {
        max = 0;
        flag = 1;
        for(j = 1; j < n; j++)
            if(x[i][j] > x[i][max])
                max = j;
        for(k = 0; k < n; k++)
        {
            if(x[i][max] == x[i][k] && max != k)        /* 找重复最大值 */
```

```
            {
                flag = 0;
                break;
            }
        }
        if(flag == 1)
        {
            for(k = 0;k < m;k++)
                if(x[k][max]< = x[i][max]&&k!= i)
                {
                    flag = 0;
                    break;
                }
            }
            if(flag == 1)
            {
                * row = i;
                * col = max;
                return 1;
            }
        }
    }
    return 0;
}
```

11.

```
# include < stdio.h >
# include < string.h >
# include < stdlib.h >
# define M 256
int main()
{
    char str[M];
    long int total = 0,len,i,num = 0;
    scanf("%s",str);
    len = strlen(str);
    for(i = 0;i < len;i++)
        if(str[i]!= '+')
        {
            num = num * 10;
            num = num + (str[i] - '0');
        }
        else
        {
            total = total + num;
            num = 0;
        }
    total = total + num;
    printf("%ld\n",total);
    system("pause");
    return 0;
}
```

12.
```c
#include <stdio.h>
#include <string.h>
#include <stdlib.h>
#define N 10
#define M 20
int del_name(char s[][M], int);
int main()
{
    int n,i,k;
    char name[N][M];
    scanf("%d",&n);
    for(i=0;i<n;i++)
        gets(name[i]);
    k=del_name(name,n);
    for(i=0;i<k;i++)
        printf("%s\n",name[i]);
    system("pause");
    return 0;
}
int del_name(char s[][M], int n)
{
    int i,j,k=n,m,flag;
    for(i=0;i<=k;i++)
    {
        flag=1;
        for(j=i+1;j<=k;j++)
            if(strcmp(s[i],s[j])==0)
            {
                if(flag==1)
                {
                    --k;
                    flag=0;
                }
                for(m=j;m<k;m++)
                    strcpy(s[m],s[m+1]);
            }
    }
    return k;
}
```

13.
```c
#include <stdio.h>
#include <string.h>
#include <stdlib.h>
#define N 100
typedef struct student
{
    char name[10];
```

```c
        int num;
        int maths;
        int computer;
        int english;
        int sum;
        char level[10];
} STU;
void fun(STU [],int);
int main()
{
    STU s[N];
    int i,n;
    scanf("%d",&n);           /*学生人数*/
    for(i = 0;i < n;i++)
        scanf("%s %d %d %d %d",s[i].name,&s[i].num,&s[i].maths,&s[i].computer,&s[i].english);
    fun(s,n);
    for(i = 0;i < n;i++)
        printf("%s %d %d %d %d %s\n",s[i].name,s[i].num,s[i].maths,s[i].computer,s[i].english,s[i].sum,s[i].level);
    system("pause");
    return 0;
}
void fun(STU a[],int n)
{
    int i,mmax = 0,mmin = 300;
    for(i = 0;i < n;i++)
    {
        a[i].sum = a[i].maths + a[i].computer + a[i].english;
        if(mmax < a[i].sum)
            mmax = a[i].sum;
        if(mmin > a[i].sum)
            mmin = a[i].sum;
    }
    for(i = 0;i < n;i++)
    {
        if(mmax == a[i].sum)
            strcpy(a[i].level,"优秀");
        else if(mmin == a[i].sum)
            strcpy(a[i].level,"不及格");
        else
            strcpy(a[i].level,"合格");
    }
}
```

14.

```c
#include <stdio.h>
#include <stdlib.h>
#define N 10
#define MAX 1000
```

```
int main()
{
    int i,n,k = 0,hole[N];
    scanf(" %d",&n);
    for(i = 0;i < n;i++)
       hole[i] = 0;
    for(i = 1;i < = MAX;i++)
    {
        k = (k + i) % n;
        hole[k] = 1;
    }
    printf("兔子可能躲的山洞号为:\n");
    for(i = 0;i < n;i++)
       if(hole[i] == 0)
          printf(" %4d",i + 1);
    printf("\n");
    system("pause");
    return 0;
}
```

15.

```
#include < stdio.h >
#include < string.h >
#include < stdlib.h >
#define N 100
typedef struct student
{
    char name[30];
    int grade1;
    int grade2;
    char cadres;
    char west;
    int number;
}Scholar;
int main()
{
    int n,i,sum = 0,amount,max = 0;
    char temp[30];
    Scholar stu[N];
    scanf(" %d",&n);
    sum = 0;
    for(i = 0;i < n;i++)
    {
        scanf(" %s %d %d %c %c %d",stu[i].name,&stu[i].grade1,&stu[i].grade2,&stu[i].cadres,&stu[i].west,&stu[i].number);
        amount = 0;
        if(stu[i].grade1 > 80 && stu[i].number > = 1)
            amount += 8000;
        if(stu[i].grade1 > 85 && stu[i].grade2 > 80)
            amount += 4000;
```

```
            if(stu[i].grade1 > 90)
                amount += 2000;
            if(stu[i].grade1 > 85 && stu[i].west == 'Y')
                amount += 1000;
            if(stu[i].grade2 > 80 && stu[i].cadres == 'Y')
                amount += 850;
            sum += amount;
            if(amount > max)
            {
                max = amount;
                strcpy(temp,stu[i].name);
            }
        }
        printf("%s\n%d\n%d\n",temp,max,sum);
        system("pause");
        return 0;
    }
```

3.2 模 拟 试 卷

3.2.1 笔试模拟试卷

一、单项选择题

1. C语言规定,在一个C程序中,main()函数的位置(   )。
   A. 必须在系统调用的库函数之后   B. 必须在程序的开始
   C. 必须在程序的最后   D. 可以在任意位置

2. 以下叙述中错误的是(   )。
   A. 用户定义的标识符允许使用关键字
   B. 用户定义的标识符应尽量做到"见名知意"
   C. 用户定义的标识符开头必须为字母或下画线
   D. 用户定义的标识符中大、小写字母代表不同的标识符

3. 若定义"int a=7;float x=2.5,y=4.7;",则表达式 x+a%3*(int)(x+y)%2/4 的值为(   )。
   A. 2.500000   B. 2.750000
   C. 3.500000   D. 0.000000

4. 设"int a=1,b=2,c=3,d=4,m=2,n=2;",执行(m=a>b)&&(n=c>d)后 n 的值为(   )。
   A. 1   B. 2   C. 3   D. 4

5. 若有数学式 $\dfrac{3ae}{bc}$,则不正确的C语言表达式是(   )。
   A. a/b/c*e*3   B. 3*a*e/b/c
   C. 3*a*e/b*c   D. a*e/c/b*3

6. 若定义 x 为 double 型变量,则能正确输入 x 值的语句是(   )。

A. scanf("%f",x); B. scanf("%f",&x);
C. scanf("%lf",&x); D. scanf("%5.1f",&x);

7. 能正确表示图3.1中坐标轴实线部分的正确表达式是（　　）。

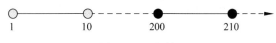

图3.1　坐标轴

A. (x>=1) && (x<=10) && (x>=200) && (x<=210)
B. (x>=1) || (x<=10) || (x>=200) || (x<=210)
C. (x>1) && (x<10) || (x>=200) && (x<=210)
D. (x>=1) || (x<=10) && (x>=200) || (x<=210)

8. 若对两个数组a和b进行初始化：

char a[] = "ABCDEF";
char b[] = {'A', 'B', 'C', 'D', 'E', 'F'};

则下列叙述正确的是（　　）。

A. a与b数组完全相同 B. a与b数组长度相同
C. a与b数组都存放字符串 D. 数组a比数组b长度长

9. 下面不能正确进行字符串赋值操作的是（　　）。

A. char s[]={"ABCDE"};
B. char s[5]={'A','B','C','D','E'};
C. char *s; s="ABCDE";
D. char str[6],*s=str; scanf("%s",s);

10. 以下正确的函数定义是（　　）。

A. double fun(int x, int y)
   {
     z = x + y;
     return z;
   }
B. double fun(int x,y)
   {
     int z;
     return z;
   }
C. fun(int x,int y);
   {
     double z;
     z = x + y;
     return z;
   }
D. double fun(int x, int y)
   {
     double z;
     z = x + y;
     return z;
   }

11. 若调用一个非void型函数,且此函数中没有return语句,则正确的说法是（　　）。

A. 该函数没有返回值 B. 该函数返回若干个系统默认值
C. 能返回一个用户所希望的函数值 D. 返回一个不确定的值

12. 若有定义：

double a[] = {2.1,3.6,9.5};
double b = 6.0;

则下列错误的赋值语句是（　　）。

A. b = a[2]; 　　　　　　　　　　B. b = a + a[2];
C. a[1] = b; 　　　　　　　　　　D. b = a[0] + 7;

13. 变量的指针,其含义是指该变量的(　　　)。

　　A. 值　　　　B. 地址　　　　C. 名　　　　D. 一个标志

14. 若有说明"int * p,m＝5,n;",以下程序段正确的是(　　　)。

　　A. p = &n;
　　　 scanf("%d",&p);
　　B. p = &n;
　　　 scanf("%d",* p);
　　C. scanf("%d",&n);
　　　 * p = n;
　　D. p = &n;
　　　 * p = m;

15. 下面程序段的运行结果是(　　　)。

```
char * s = "abcde";
s += 2; printf("%s",s);
```

　　A. cde　　　　　　　　　　　　B. 字符'c'
　　C. 字符'c'的地址　　　　　　　D. 不确定

16. 已有函数 max(a,b),为了让函数指针变量 p 指向函数 max(),正确的赋值方法是(　　　)。

　　A. p＝max;　　　　　　　　　　B. p＝max(a,b);
　　C. * p＝max;　　　　　　　　　D. * p＝max(a,b);

17. 以下程序的运行结果是(　　　)。

```
#include<stdio.h>
#include<stdlib.h>
#define ADD(x) x+x
int main()
{
  int m = 1,n = 2,k = 3,sum;
  sum = ADD(m+n) * k;
  printf("%d\n",sum);
  system("pause");
  return 0;
}
```

　　A. 9　　　　B. 10　　　　C. 12　　　　D. 18

18. 有如下说明语句,则下面叙述不正确的是(　　　)。

```
typedef struct stu
{
  int a;
  float b;
} stutype;
```

　　A. struct 是结构体类型的关键字　　　B. stutype 是结构体变量名
　　C. stutype 是结构体类型名　　　　　　D. a 和 b 都是结构体成员名

19. 以下对结构体变量成员不正确的引用是(　　　)。

```
struct pupil
```

```
{
  char name[20]; int age; int sex;
} pup[5], * p = pup;
```

A. scanf("%s",pup[0].name);   B. scanf("%d",&pup[0].age);

C. scanf("%d",&(p->sex));   D. scanf("%d",p->age);

20. C语言结构体类型变量在程序执行期间(　　)。

A. 所有成员一直驻留在内存中   B. 占内存最小的成员驻留在内存中

C. 占内存最大的成员驻留在内存中   D. 没有成员驻留在内存中

21. C语言要读取计算机 d 盘上 test 文件夹下的 out.dat 文件,则函数 fopen()中文件名字符串常量正确的输入是(　　)。

A. "d:test\out.dat"   B. "d:\test\out.dat"

C. "d:/test/out.dat"   D. "d:\\test\\out.dat"

22. 假定已经建立以下链表结构,且指针 p 和 q 已经指向如图 3.2 所示的结点。

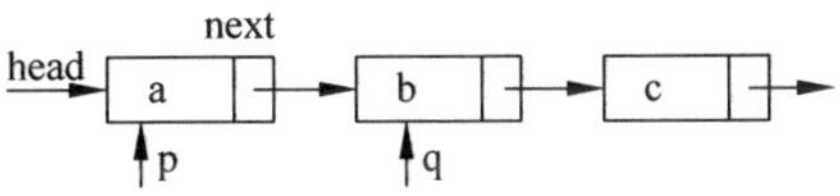

图 3.2　链表

则以下选项中可将 q 所指结点从链表中删除并释放该结点的语句组是(　　)。

A. (*p).next=(*q).next; free(p);   B. p=q->next; free(q);

C. p=q; free(q);   D. p->next=q->next; free(q);

23. 若运行以下程序时,输入 2345↙,则程序的运行结果是(　　)。

```
#include<stdio.h>
#include<stdlib.h>
int main()
{
  int c;
  while((c = getchar())!= '\n')
    switch(c - '2')
    {
      case 0:
      case 1: putchar(c + 4);
      case 2: putchar(c + 4); break;
      case 3: putchar(c + 3);
      default: putchar(c + 2); break;
    }
  printf("\n");
  system("pause");
  return 0;
}
```

A. 6677887   B. 6689667   C. 6677877   D. 6688766

24. 下面程序段的运行结果是(　　)。

```
char a[ ] = "nanjing", * p;
```

```
    p = a;
    while( *p!= '\0') { printf("%c", *p - 32); p++; }
```

A. NANJING   B. nanjing
C. NA   D. NAJIG

二、基础知识填空题

1. C 源程序的基本单位是 ___[1]___ 。

2. 设 x,y 均为 int 型变量,写出描述"x,y 中有一个为非负数"的 C 语言表达式:___[2]___。

3. 至少执行一次循环体的循环语句是 ___[3]___ 。

4. 已知 char c[]="he\\\t\0will",则 printf("%d",strlen(c))的结果 ___[4]___ 。

5. 已知有二维数组声明"int a[][4]={1,2,3,4,5,6,7,8,9};",则 a 数组有 ___[5]___ 行。

6. 若有定义"int a[2][3]={2,4,6,8,10,12};",则 *(&a[0][0]+2*2+1)的值是 ___[6]___ 。

三、程序阅读题

1. 输入 5,9 回车后,下面程序输出语句的第一行是_____,第二行是_____。

```c
#include<stdio.h>
#include<stdlib.h>
void swap(int *,int *);
int main()
{
    int a, b;
    scanf("%d,%d",&a,&b);
    swap(&a,&b);
    printf("a=%d,b=%d\n",a,b);
    system("pause");
    return 0;
}
void swap(int *p1,int *p2)
{
    int p;
    p = *p1;
    *p1 = *p2;
    *p2 = p;
    printf("*p1=%d,*p2=%d\n",*p1,*p2);
}
```

2. 输入 1234567,下面程序的运行结果是_____。

```c
#include<stdio.h>
#include<stdlib.h>
int main()
{
    unsigned int n,k=0,t=1;
    scanf("%u",&n);
    while(n)
```

```
        {
            if((n % 10) % 2 == 0)
            {
                k = k + (n % 10) * t;
                t = t * 10;
            }
            n = n/10;
        }
        printf(" % u\n",k);
        system("pause");
        return 0;
}
```

3. 下面程序的执行结果是_____。

```
# include < stdio. h >
# include < stdlib. h >
int f(int);
int main()
{
    int z;
    z = f(4);
    printf(" % d\n",z);
    system("pause");
    return 0;
}
int f(int x)
{
    if(x == 0||x == 1)
        return 3;
    else
        return x * x - f(x - 2);
}
```

4. 下面程序的输出结果是_____。

```
# include < stdio. h >
# include < stdlib. h >
int fun(int);
int main()
{
    int i,a = 5;
    for(i = 0;i < 3;i++)
        printf(" % d ", fun(a));
    printf("\n");
    system("pause");
    return 0;
}
int fun(int a)
{
    int b = 0;
    static int c = 3;
```

```
        b++;
        c++;
        return(a + b + c);
}
```

5. 当运行以下程序时,从键盘输入:AhaMA　Aha<CR>(<CR>表示回车),则下面程序的运行结果是_____。

```
#include<stdio.h>
#include<stdlib.h>
int main()
{
    char s[80],c = 'a';
    int i = 0;
    gets(s);
    while(s[i]!= '\0')
    {
        if(s[i] == c)    s[i] = s[i] - 32;
        else if(s[i] == c - 32)   s[i] = s[i] + 32;
        i++;
    }
    puts(s);
    system("pause");
    return 0;
}
```

6. 下面程序的执行结果是_____。

```
#include<stdio.h>
#include<string.h>
#include<stdlib.h>
void inv(char *);
int main()
{
    char a[] = "nuist";
    inv(a);
    puts(a);
    system("pause");
    return 0;
}
void inv(char *x)
{
    char *p = x, *q = x + strlen(x) - 1, t;
    while(p<q)
    {
        t = *p;
        *p = *q;
        *q = t;
        p++;
        q--;
    }
}
```

7. 下面函数的功能是_____。

```c
void conj(char *s1,char *s2)
{
    while(*s1)s1++;
    while(*s2)
    {*s1=*s2; s1++,s2++;}
    *s1='\0';
}
```

8. 下面程序的执行结果是_____。

```c
#include<stdio.h>
#include<stdlib.h>
int main()
{
    int i,b,k=0;
    for(i=1; i<=5; i++)
    {
        b=i%2;
        while(b--==0) k++;
    }
    printf("%d,%d",k,b);
    system("pause");
    return 0;
}
```

四、程序填空题

1. 对于一个三位正整数,如果它每位上的数字的三次方的和等于它本身,那么就称这个数为三位水仙花数,以下程序是输出所有仙花数。

```c
#include<stdio.h>
#include<stdlib.h>
int main()
{
    int a,b,c,n;
    for(n=100;n<1000;n++)
    {
        a=n%10;
        b=____[1]____;
        c=n/100;
        if(____[2]____)   printf("%d\n",n);
    }
    system("pause");
    return 0;
}
```

2. 以下程序是折半查找输入的数 x 是否在按从小到大排好序的数组 a 中,请填空,使程序完整。

```c
#include<stdio.h>
```

```
#include<stdlib.h>
#define N 8
int main()
{   int a[N]={6,12,18,42,44,52,67,94};
    int low=0,mid,high=N-1,found=0,x;
    scanf("%d",&x);
    while((____[3]____)&&(found==0))
    {
        mid=(low+high)/2;
        if(x>a[mid])low=mid+1;
        else if(x<a[mid])  ____[4]____ ;
        else {found=1;break;}
    }
    if(found==1) printf("Search Successful:The index is:%d\n",mid);
    else
        printf("Can't search!\n");
    system("pause");
    return 0;
}
```

3. 函数 fun() 的功能是：计算 f(x) 的前 n 项之和。若 x=2.5, n=15 时，函数值为 1.917914。

$$f(x)=1+x-\frac{x^2}{2!}+\frac{x^3}{3!}-\frac{x^4}{4!}+\cdots+(-1)^{n-2}\frac{x^{n-1}}{(n-1)!}+(-1)^{n-1}\frac{x^n}{n!}$$

请在程序的下画线处填入正确的内容，使程序得出正确的结果。

```
#include<stdio.h>
#include<stdlib.h>
double fun(double x, int n)
{
    double f, t; int i;
    f = ____[5]____ ;
    t = -1;
    for(i=1; i<n; i++)
    {
        t *= (____[6]____) * x/i;
        f += ____[7]____ ;
    }
    return f;
}
int main()
{
    double x, y;
    x = 2.5;
    y = fun(x,15);
    printf("\nThe result is:\n");
    printf("x=%-12.6f y=%-12.6f\n", x, y);
    system("pause");
    return 0;
}
```

五、程序改错题(注：错误在注释语句/ **** found **** /下面 1～3 行以内)

给定程序中函数 fun() 的功能是：根据输入的三个边长（整型值），判断能否构成三角形；构成的是等边三角形、等腰三角形，还是一般三角形。若能构成等边三角形，函数返回 3；若能构成等腰三角形，函数返回 2；若能构成一般三角形，函数返回 1；若不能构成三角形，函数返回 0。

```
1:   #include<stdio.h>
2:   #include<stdlib.h>
3:   /****************[1]********************/
4:   void fun(int a,int b,int c)
5:   { if(a+b>c && b+c>a && a+c>b) {
6:   /****************[2]********************/
7:       if(a==b || b==c)
8:           return 3;
9:       else if(a==b||b==c||a==c)
10:          return 2;
11:      else return 1;
12:  }
13:  else return 0;
14:  }
15:  int main()
16:  { int a,b,c,shape;
17:      scanf("%d%d%d",&a,&b,&c);
18:      printf("a=%d, b=%d, c=%d\n",a,b,c);
19:      shape = fun(a,b,c);
20:      if(shape==3) printf("构成等边三角形\n");
21:      else if(shape==2) printf("构成等腰三角形\n");
22:      else if(shape==1) printf("构成一般等腰三角形\n");
23:      else printf("不能构成三角形\n");
24:      system("pause");
25:      return 0;
26:  }
```

六、编程题

1. 请编写函数 fun()，其功能是：计算并输出下列式子的值。

$$s = 1 + \frac{1}{1+2} + \frac{1}{1+2+3} + \cdots + \frac{1}{1+2+\cdots+n}$$

在主函数中从键盘输入 n，并输出计算的结果。

```
#include<stdio.h>
#include<stdlib.h>
double fun(int n)
{

}
int main()
{   int n;
    double s;
    scanf("%d",&n);
```

```
s = fun(n);
printf("s = %lf\n\n",s);
system("pause");
return 0;
}
```

2. 有 40 个学生,每个学生的数据包括学号,姓名,3 门课的成绩,这些学生的信息都存放在文件 in.dat 中,编写一个 C 语言程序实现对学生三门课的总分进行降序排序,并将最后 5% 的学生评定为不合格,其余为合格,并将学生信息(包括学号,姓名,3 门课的成绩,总分,等级)写入到 out.dat 文件中。

参考答案:

一、单项选择题

1. D　　2. C　　3. A　　4. B　　5. C
6. C　　7. C　　8. D　　9. B　　10. D
11. D　　12. B　　13. B　　14. D　　15. A
16. A　　17. B　　18. B　　19. D　　20. A
21. D　　22. D　　23. A　　24. A

二、基础知识填空题

1. 函数　　　　　　　　　　2. x>=0||y>=0
3. do…while　　　　　　　　4. 4
5. 3　　　　　　　　　　　　6. 12

三、程序阅读题

1. *p1=9,*p2=5　　a=9,b=5　　2. 246
3. 15　　　　　　　　　　　　4. 10　11　12
5. ahAMa　ahA　　　　　　　6. tsiun
7. 字符串连接　　　　　　　　8. 2,0

四、程序填空题

[1]. (n/10)%10 或 (n%100)/10

[2]. n==a*a*a+b*b*b+c*c*c

[3]. low<=high

[4]. high=mid−1

[5]. 1

[6]. −1

[7]. t

五、程序改错题

第 4 行:void 改为 int

第 7 行:|| 改为 &&

六、编程题

1.

```
double fun(int n)
```

```
{
    double s = 0;
    int i,t = 0;
    for(i = 1;i <= n;i++)
    {
        t = t + i;
        s = s + 1.0/t;
    }
    return s;
}
```

2.

```
#include <stdio.h>
#include <string.h>
#include <stdlib.h>
#define N 40
struct student
{
    int num;
    char name[10];
    float s1,s2,s3;
    float sum;
    char level[10];
};
int main()
{
    struct student st[N],t;
    int i,j,k;
    FILE *fp1, *fp2;
    if((fp1 = fopen("in.dat","r")) == NULL)
    {
        printf("Can't open the file\n");
        exit(0);
    }
    for(i = 0;i < N;i++)
    {
        fscanf(fp1,"%d %s %f %f %f",&st[i].num,st[i].name,&st[i].s1,&st[i].s2,&st[i].s3);
        st[i].sum = st[i].s1 + st[i].s2 + st[i].s3;
    }
    fclose(fp1);
    for(i = 0;i < N - 1;i++)
    {
        k = i;
        for(j = i + 1;j < N;j++)
            if(st[j].sum > st[k].sum) k = j;
        if(i != k)
        {
            t = st[i];
            st[i] = st[k];
            st[k] = t;
```

```
            }
        }
        for(i = 0;i < N;i++)
            if(i <= 0.95 * N)
                strcpy(st[i].level,"合格");
            else
                strcpy(st[i].level,"不合格");
        if((fp2 = fopen("out.dat","w")) == NULL)
        {
            printf("Can't open file!\n");
            exit(0);
        }
        for(i = 0;i < N;i++)
            fprintf(fp2,"%d %s %f %f %f %f %s\n",st[i].num,st[i].name,st[i].s1,st[i].s2,st[i].s3,st[i].sum,st[i].level);
        fclose(fp2);
        system("pause");
        return 0;
    }
```

3.2.2 期中机试模拟试卷

一、单项选择题

1. 计算机高级语言程序的运行方法有编译执行和解释执行两种,以下叙述中正确的是(   )。

    A. C语言程序仅可以编译执行

    B. C语言程序仅可以解释执行

    C. 其余说法都不对

    D. C语言程序既可以编译执行又可以解释执行

    答案：A

2. 一个C语言程序是由(   )。

    A. 若干过程组成

    B. 若干子程序组成

    C. 函数组成

    D. 一个主程序和若干子程序组成

    答案：C

3. 一个C程序的执行是从(   )。

    A. 本程序文件的第一个函数开始,到本程序 main()函数结束

    B. 本程序文件的第一个函数开始,到本程序文件的最后一个函数结束

    C. 本程序的 main()函数开始,到本程序文件的最后一个函数结束

    D. 本程序的 main()函数开始,到 main()函数结束

    答案：D

4. 以下叙述正确的是(   )。

    A. 在C程序中,main()函数必须位于程序的最前面

B. 在对一个C程序进行编译的过程中,可发现注释中的拼写错误

C. C语言本身没有输入/输出语句

D. 程序的每行中只能写一条语句

答案：C

5. 以下叙述不正确的是(　　)。

A. 在C程序中,注释说明只能位于一条语句的后面

B. C程序的基本组成单位是函数

C. 一个C源程序可由一个或多个函数组成

D. 一个C源程序必须包含一个main()函数

答案：A

6. 以下叙述正确的是(　　)。

A. C语言程序是由过程和函数组成的

B. C语言函数不可以单独编译

C. C语言中除了main()函数,其他函数不可作为单独文件形式存在

D. C语言函数可以嵌套调用,例如：fun(fun(x))

答案：D

7. 设"int a=5,b=4,c=3;",下列表达式中值不为0的是(　　)。

A. !(a<0||a>5)   B. !a||!b

C. a&&!b   D. a>b>c

答案：A

8. 下列表达式中,不满足"当x的值为偶数时值为真,为奇数时值为假"的要求的是(　　)。

A. (x/2*2-x)==0   B. !(x%2)

C. !(x%2==0)   D. x%2==0

答案：C

9. 若有数学式 $\dfrac{1+\sqrt{|x+y|}}{e^x y}$,则正确的C语言表达式是(　　)。

A. 1+sqrt(|x+y|)/exp(x)*y

B. (1+sqrt(|x+y|))/exp(x)*y

C. (1+sqrt(|x+y|))/(exp(x)*y)

D. (1+sqrt(fabs(x+y)))/(exp(x)*y)

答案：D

10. C语言中的标识符只能由字母、数字和下画线三种字符组成,且第一个字符(　　)。

A. 必须为下画线

B. 必须为字母

C. 可以是字母、数字和下画线中的任意一种

D. 必须为字母或下画线

答案：D

11. 在 C 语言中,要求运算数必须是整型的运算符是( )。
   A. %   B. /   C. ++   D. !=
答案:A

12. 若有定义语句"int k1=10,k2=20;",执行表达式(k1=k1>k2)&&(k2=k2>k1)后,k1 和 k2 的值分别为( )。
   A. 0 和 1   B. 0 和 20   C. 10 和 1   D. 10 和 20
答案:B

13. 以下选项中关于 C 语言常量的叙述错误的是( )。
   A. 所谓常量,是指在程序运行过程中,其值不能被改变的量
   B. 常量分为整型常量、实型常量、字符常量和字符串常量
   C. 常量可分为数值型常量和非数值型常量
   D. 经常被使用的变量可定义成常量
答案:D

14. 以下选项中,能表示逻辑值"假"的是( )。
   A. 0.000001   B. 0   C. 100.0   D. 1
答案:B

15. 下面四个选项中,均是不合法的用户标识符的选项是( )。
   A. _123   temp   INT   B. A   p_o   do
   C. b-a   goto   int   D. float   lao   _A
答案:C

16. 以下程序段中,与语句 k=a>b?(b>c?1:0):0; 功能相同的是( )。
   A. if((a>b)&&(b>c)) k = 1;
      else k = 0;
   B. if((a>b)||(b>c)) k = 1;
      else k = 0;
   C. if(a>b) k = 1;
      else if(b>c) k = 1;
      else k = 0;
   D. if(a<=b) k = 0;
      else if(b<=c) k = 1;
答案:A

17. 以下程序段的输出结果是( )。
```
int  k, j, s;
for(k = 2; k < 6; k++, k++)
{   s = 1;
    for(j = k; j < 6; j++)
       s += j;
}
printf(" % d\n", s);
```
   A. 15   B. 10   C. 24   D. 9
答案:B

18. #include<stdio.h>
    int main()
    {
     int x = 1,a = 0,b = 0;

```
    switch(x)
    {
     case  0: b++;
     case  1: a++;
     case  2: a++;b++;
    }
    printf("a = %d,b = %d",a,b);
    return 0;
}
```

该程序的输出结果是(　　)。

　　A. a=2,b=2

　　B. a=2,b=1

　　C. a=1,b=1

　　D. a=1,b=0

答案：B

19. 设 j 和 k 都是 int 类型,则下面的 for 循环语句(　　)。

```
for(j = 0,k = 0;j <= 9&&k!= 876;j++) scanf("%d",&k);
```

　　A. 最多执行 9 次

　　B. 循环体一次也不执行

　　C. 最多执行 10 次

　　D. 是无限循环

答案：C

20. 以下程序的执行结果是(　　)。

```
int main()
{   int   num = 0;
    while(num <= 2) {  num++;  printf("%d,",num); }
    return 0;
}
```

　　A. 1,2,3,　　　B. 1,2,3,4,　　　C. 1,2,　　　D. 0,1,2

答案：A

21. 以下程序的输出结果是(　　)。

```
int main()
{
    int   x,  i;
    for(i = 1; i <= 100; i++)
    {
       x = i;
       if(++x % 2 == 0)
         if(++x % 3 == 0)
           if(++x % 7 == 0)
             printf("%d ", x);
    }
    printf("\n");
```

```
        return 0;
    }
```

  A. 28 70 B. 39 81 C. 42 84 D. 26 68

答案：A

22. 有以下程序：

```
int main()
{   int i;
    for(i = 0; i < 3; i++)
      switch(i)
      {   case 1: printf("%d", i);
          case 2: printf("%d", i);
          default: printf("%d", i);
      }
    return 0;
}
```

执行后输出结果是( )。

  A. 011122 B. 120 C. 012020 D. 012

答案：A

23. 执行下列语句后的输出为( )。

```
int j = -1;
if(j <= 1) printf("****\n");
else     printf("%%%%\n");
```

  A. %%%%c   B. 有错，执行不正确
  C. ****   D. %%%%

答案：C

24. C语言中 while 和 do…while 循环的主要区别是( )。

  A. while 的循环控制条件比 do…while 的循环控制条件更严格
  B. do…while 的循环体至少无条件执行一次
  C. do…while 的循环体不能是复合语句
  D. do…while 允许从外部转到循环体内

答案：B

25. 以下 for 循环的执行次数是( )。

```
for(x = 0, y = 0;(y = 123)&&(x < 4); x++);
```

  A. 4次   B. 是无限循环
  C. 3次   D. 循环次数不定

答案：A

26. 下列程序的输出结果是( )。

```
int main()
{
    int x = 1, y = 0, a = 0, b = 0;
```

```
switch(x)
  {
    case  1:switch(y)
           {
             case  0:a++;break;
             case  1:b++;break;
           }
    case  2:a++;b++;break;
    case  3:a++;b++;break;
  }
printf("a=%d,b=%d\n",a,b);
```

A. a=2,b=1   B. a=2,b=2
C. a=1,b=0   D. a=1,b=1

答案：A

27. 以下程序段的输出结果是(　　)。

```
int i, j, m = 0;
for(i = 1; i <= 15; i += 4)
  for(j = 3; j <= 19; j += 4)
    m++;
printf("%d\n", m);
```

A. 15   B. 12   C. 20   D. 25

答案：C

28. 下列程序的输出结果是(　　)。

```
#include<stdio.h>
int main()
{
    int a = 10;
    int c;
    float f = 10000;
    double x;
    c = f/ = a * = (x = 2.56);
    printf("%d %d %3.2f %3.2lf\n",a,c,f,x);
    return 0;
}
```

A. 25 400 400.0 2.56
B. 25 144 400.0 2.56
C. 26 144 400.0 2.56
D. 25.6 400 400.0 2.56

答案：A

29. 设有定义 int a=1,b=2,c=3；以下语句中执行效果与其他三个不同的是(　　)。

A. if(a>b){ c=a,a=b,b=c;}
B. if(a>b) c=a,a=b,b=c;

C. if(a>b){ c=a; a=b; b=c; }

D. if(a>b) c=a; a=b; b=c;

答案：D

30. 以下程序的功能是：按顺序读入10名学生4门课程的成绩,计算出每位学生的平均分并输出,程序如下。

```
int main()
{
    int n,k;
    float score,sum,ave;
    sum = 0.0;
    for(n = 1;n <= 10;n++)
    {
        for(k = 1;k <= 4;k++)
        {
            scanf("%f",&score);
            sum += score;
        }
        ave = sum/4.0;
        printf("NO%d:%f\n",n,ave);
    }
    return 0;
}
```

上述程序运行后结果不正确,调试中发现有一条语句出现在程序中的位置不正确。这条语句是：

A. ave=sum/4.0 B. sum=0.0;

C. sum+=score; D. printf("NO%d：%f\n",n,ave);

答案：B

31. 若函数调用时的实参为变量时,以下关于函数形参和实参的叙述中正确的是(　　)。

A. 同名的实参和形参占同一存储单元

B. 函数的形参和实参分别占用不同的存储单元

C. 函数的实参和其对应的形参共占同一存储单元

D. 形参只是形式上的存在,在调用之前不占用具体存储单元

答案：D

32. 在函数调用过程中,如果函数 funA() 调用了函数 funB(),函数 funB() 又调用了函数 funA(),则(　　)。

A. 称为函数的循环调用

B. C语言中不允许这样的递归调用

C. 称为函数的间接递归调用

D. 称为函数的直接递归调用

答案：C

33. 设函数中有整型变量n,为保证其在未赋初值的情况下初值为0,应该选择的存储

类别是(　　)。

　　A. register　　　　　　　　　　B. auto

　　C. auto 或 register　　　　　　D. static

答案：D

34. 以下语句中正确的是(　　)。

　　A. scanf("%d",0xAB);　　　　　B. int a＝b＝c＝0;

　　C. int a[3]＝0;　　　　　　　　D. printf("%d",'\\');

答案：D

35. 若有声明"float x＝1234.567;int n＝4;char m;"，则表达式"m＝n＋'A'＋120UL＋x"的值的类型是(　　)。

　　A. char　　　　　　　　　　　　B. double

　　C. float　　　　　　　　　　　　D. unsigned long

答案：B

36. 以下选项中定义的标识符 p 中,不能做 p++运算的是(　　)。

　　A. int p;　　　　　　　　　　　B. int a[10],*p＝a;

　　C. int a[2],*p[2]＝{a};　　　　　D. int a[2][2],(*p)[2]＝a

答案：C

37. 若有声明"int a[4][3];int(*ptr)[3]＝a,*p＝a[0];"，则以下能正确引用数组元素 a[1][2]的表达式是(　　)。

　　A. *((ptr+1)[2])　　　　　　　　B. *(*(p+5))

　　C. (*ptr+1)+2　　　　　　　　　D. *(*(a+1)+2)

答案：D

38. 以下二维数组声明中,一定合法的是(　　)。

　　A. int b[][3]＝{{1,2,3},{},{4,5,6}};

　　B. int b[][sizeof(int)]＝{0};

　　C. int b[2][2]＝{{1,2,3},{4,5,6}};

　　D. int b[2][]＝{{1,2,3},{4,5,6}};

答案：A

39. 以下对字符串的操作中错误的是(　　)。

　　A. char *s[2]＝{"aaa","bbb"};

　　B. char *s[2]; strcpy(s[0],"aaa"); strcpy(s[1],"bbb");

　　C. char s[2][5]＝{"aaa","bbb"};

　　D. char s[2][5]; strcpy(s[0],"aaa"); strcpy(s[1],"bbb");

答案：B

40. 下列语句中(　　)定义了一个能存储20个字符的数组。

　　A. char b[20];　　　　　　　　　B. char c[21];

　　C. int a[21];　　　　　　　　　D. int d[20];

答案：A

二、程序设计题

1. 函数 fun() 是求下面分数数列的前 n 项的和，$s = -\sqrt{\dfrac{2}{1}} + \sqrt{\dfrac{3}{2}} - \sqrt{\dfrac{5}{3}} + \sqrt{\dfrac{8}{5}} - \cdots$，输入项数 n 得到前 n 项和 s。如输入 n=10，s=-0.219960，注意：不要修改 main() 函数的结构，只在 fun() 函数的注释语句之间编写程序代码。

```
#include<stdio.h>
#include<math.h>
#include<stdlib.h>
double fun(int n)
{
    /**********Begin**********/


    /**********End**********/
}
int main()
{
    int n,i;
    double s;
    FILE *in,*out;
    scanf("%d",&n);
    s=fun(n);
    printf("s=%lf\n",s);
    /*******************/
    in=fopen("in.dat","r");
    out=fopen("out.dat","w");
    while(!feof(in))
    {
        fscanf(in,"%d\n",&n);
        s=fun(n);
        fprintf(out,"%lf\n",s);
    }
    fclose(in);
    fclose(out);
    system("pause");
    return 0;
}
```

参考答案：

```
int i,sign=-1;
double a=2,b=1,s=0;
for(i=1;i<=n;i++)
{
    s=s+sign*sqrt(a)/sqrt(b);
    a=a+b;
    b=a-b;
    sign=-sign;
```

}
　return s;

2. 编写函数 int fun(int lim, int aa[MAX])，该函数的功能是求出小于或等于 lim 的所有素数并放在 aa 数组中，该函数返回所求出的素数的个数。注意：部分源程序给出如下。请勿改动 main() 函数和其他函数中的任何内容，仅在函数 fun() 的花括号中填入所编写的若干语句。

```
#include <stdio.h>
#include <math.h>
#include <stdlib.h>
#define MAX 100
int fun(int lim, int aa[MAX])
{
/********* Begin *********/


/********* End *********/
}
int main()
{
 FILE *wf, *in;
 int limit, i, sum;
 int aa[MAX];
 printf("输入一个整数");
 scanf("%d", &limit);
 sum = fun(limit, aa);
 for(i = 0; i < sum; i++)
   {
    if(i % 10 == 0 && i != 0)       /* 每行输出 10 个数 */
      printf("\n ");
    printf("%5d ", aa[i]);
   }
/****************************/
 in = fopen("in.dat", "r");
 fscanf(in, "%d", &limit);
 wf = fopen("out.dat", "w");
 sum = fun(limit, aa);
 for(i = 0; i < sum; i++)
   {
    fprintf(wf, "%d\n", aa[i]);
   }
 fclose(wf);
 fclose(in);
/****************************/
 system("pause");
 return 0;
}
```

参考答案：

```
int i,j,k = 0,t;
for(i = 2;i < lim;i++)
{
  t = (int)sqrt(i);
  for(j = 2;j <= t;j++)
    if(i%j == 0)
      break;
  (j > t)
    aa[k++] = i;
}
return k;
```

三、程序填空题

给定程序中，函数 fun()的功能是：有 N×N 矩阵，以主对角线为对称线，对称元素相加并将结果存放在左下三角元素中，右上三角元素置为 0。例如，若 N=3，有下列矩阵：

1 2 3
4 5 6
7 8 9

计算结果为：

1   0   0
6   5   0
10 14 9

注意：部分源程序给出如下。请勿改动 main()函数和其他函数中的任何内容，仅在函数 fun()的横线上填入所编写的若干表达式或语句。

```
#include <stdio.h>
#include <stdlib.h>
#define N 4
/********** [1] **********/
void fun(int ____[1]____ )
{
  int i,j;
  for(i = 1;i < N;i++)
  {
    for(j = 0;j < i;j++)
    {
/********** [2] **********/
        ____[2]____ = t[i][j] + t[j][i];
/********** [3] **********/
        ____[3]____ = 0;
    }
  }
}
int main()
{
```

```
int i,j,t[ ][N] = {12,21,33,44,52,45,36,27,18,9,66,73,84,45,36,27,18};
printf("\nThe original array:\n ");
 for(i = 0;i < N;i++)
 {
  for(j = 0;j < N;j++)
     printf(" % 4d",t[i][j]);
  printf("\n");
 }
 fun(t);
 printf("\nThe result is:\n");
 for(i = 0;i < N;i++)
 {
  for(j = 0;j < N;j++)
     printf(" % 4d",t[i][j]);
  printf("\n");

 }
 system("pause");
 return 0;
}
```

答案：

[1]：t[N][N] 或 void fun(int t[ ][N]) 或 void fun(int t[N][N]) 或 t[ ][N]
[2]：t[i][j] = t[i][j] + t[j][i] 或 t[i][j] = t[i][j] + t[j][i];
[3]：t[j][i] = 0; 或 t[j][i]

四、程序改错题

下列给定程序中,函数 fun()的功能是：求表达式 s＝aa…aa－…－aa－aa－a(此处 aa…aa 表示 n 个 a,a 和 n 的值为 1～9)的值。例如,a＝3,n＝6,则以上表达式为 s＝333333－33333－3333－333－33－3,其值是 296298。a 和 n 是函数 fun()的形参,表达式的值作为函数值传回 main()函数。请改正程序中的错误,使它能计算出正确的结果。注意：不要改动 main()函数,不得增行或删行,也不得更改程序的结构。

```
#include < stdio. h >
#include < stdllib. h >
long fun(int a, int n)
{
 int j;
/ ********** [1] ********** /
 long s = 0, t = 1;
/ ********** [2] ********** /
 for(j = 0;j < = n;j++)
    t = t * 10 + a;
 s = t;
 for(j = 1;j < n;j++)
 {
/ ********** [3] ********** /
    t = t % 10;
    s = s - t;
```

```
    }
    return(s);
}
int main()
{
    int a,n;
    printf("\nPlease enter a and n: ");
    scanf("%d%d",&a,&n);
    printf("\nThe value of function is %ld\n", fun(a,n));
    system("pause");
    return 0;
}
```

答案：

[1]：long s = 0,t = 0; 或 long int s = 0,t = 0;

[2]：for(j = 0;j < n;j++)

[3]：t = t/10; 或 t/ = 10;

3.2.3 期末机试模拟试卷

一、单项选择题

1. 一个 C 程序的执行是从（　　）。

   A. 本程序文件的第一个函数开始，到本程序 main() 函数结束

   B. 本程序文件的第一个函数开始，到本程序文件的最后一个函数结束

   C. 本程序的 main() 函数开始，到本程序文件的最后一个函数结束

   D. 本程序的 main() 函数开始，到 main() 函数结束

   答案：D

2. 以下叙述中错误的是（　　）。

   A. C 语言编写的每个函数都可以进行独立的编译并执行

   B. C 语言编写的函数源程序，其文件名后缀可以是 C

   C. 一个 C 语言程序只能有一个主函数

   D. C 语言编写的函数都可以作为一个独立的源程序文件

   答案：A

3. 已知有 float x,i,j; 则以下选项中含有语法错误的表达式是（　　）。

   A. 0 <= x < 100　　　　　　　　　　B. i=j==0

   C. !(x+i=x+j)　　　　　　　　　　　D. (char)(i+j)

   答案：C

4. 在 C 语言中，char 型数据在内存中的存储形式是（　　）。

   A. 补码　　　　B. 原码　　　　C. ASCII 码　　　　D. 反码

   答案：C

5. 以下关于 C 语言数据类型使用的叙述中错误的是（　　）。

   A. 若要处理如"人员工资"的相关数据，应使用单精度类型

   B. 若只处理"真"和"假"两种逻辑值，应使用逻辑类型

C. 若要保存带有多位小数的数据,应使用双精度类型
D. 若要准确无误差地表示自然数,应使用整数类型

答案：B

6. 若 a 是数值类型,则逻辑表达式(a==1)||(a!=1)的值是(　　)。
   A. 不知道 a 的值,不能确定　　　　　B. 0
   C. 2　　　　　　　　　　　　　　　D. 1

答案：D

7. 判断字符型变量 c1 是否为数字字符的正确表达式为(　　)。
   A. (c1>='0')&&(c1<='9')　　　　　B. (c1>=0)&&(c1<=9)
   C. ('0'>=c1)||('9'<=c1)　　　　　D. '0'<=c1<='9'

答案：A

8. 表达式 18/4 * sqrt(4.0)/8 值的数据类型为(　　)。
   A. char　　　B. double　　　C. 不确定　　　D. float

答案：B

9. 设 x 为 double 型变量,则以下语句中能将 x 中的数值保留小数点后三位,第四位进行四舍五入的是(　　)。
   A. x=x*1000+0.5/1000.0
   B. x=(x*1000+0.5)/1000.0
   C. x=(int)(x*1000+0.5)/1000.0
   D. x=(int)(x/1000+0.5)*1000.0

答案：C

10. if 语句的基本形式是：if(表达式)语句,以下关于"表达式"值的叙述中正确的是(　　)。
    A. 必须是正数　　　　　　　　　B. 可以是任意合法的数值
    C. 必须是整数值　　　　　　　　D. 必须是逻辑值

答案：B

11. 为了避免在嵌套的条件语句 if…else 中产生二义性,C 语言规定：else 子句总是与(　　)配对。
    A. 其之后最近的 if　　　　　　　B. 其之前最近的 if
    C. 缩排位置相同的 if　　　　　　D. 同一行上的 if

答案：B

12. int a=3,b=2,c=1;if(a>b>c)a=b; else a=c; 则 a 的值为(　　)。
    A. 2　　　　　B. 3　　　　　C. 1　　　　　D. 0

答案：C

13. 以下描述中正确的是(　　)。
    A. do…while 循环中,根据情况可以省略 while
    B. 由于 do…while 循环中循环体语句只能是一条可执行语句,所以循环体内不能使用复合语句
    C. do…while 循环由 do 开始,用 while 结束,在 while(表达式)后面不能写分号
    D. 在 do…while 循环体中,一定要有能使 while 后面表达式的值变为零("假")的操作

答案：D

14. 有以下程序，程序运行后的输出结果是(　　)。

```
#include<stdio.h>
#include<stdlib.h>
int main()
{
    int a=7;
    while(a--);
    printf("%d\n",a);
    system("pause");
    return 0;
}
```

  A. -1　　　　　　B. 1　　　　　　C. 0　　　　　　D. 7

答案：A

15. 设 a、b 和 c 都是 int 变量，且 a=3，b=4，c=5；则以下表达式中值为 0 的是(　　)。

  A. a||b+c&&b-c　　　　　　B. a<=b
  C. !((a<b)&&!c||1)　　　　　D. a&&b

答案：C

16. 有以下程序：

```
#include<stdio.h>
#include<stdlib.h>
int main()
{
    int a1,a2;  char c1,c2;
    scanf("%d%c%d%c",&a1,&c1,&a2,&c2);
    printf("%d,%c,%d,%c",a1,c1,a2,c2);
    system("pause");
    return 0;
}
```

  若想通过键盘输入，使得 a1 的值为 12，a2 的值为 34，c1 的值为字符 a，c2 的值为字符 b，程序输出结果是 12，a，34，b，则正确的输入格式是(以下_代表空格，<CR>代表回车)(　　)。

  A. 12,a,34,b<CR>　　　　　　B. 12_a34_b<CR>
  C. 12a34b<CR>　　　　　　　D. 12_a_34_b<CR>

答案：C

17. 以下程序的功能是计算 $s=1+\frac{1}{2}+\frac{2}{3}+\frac{3}{4}+\cdots+\frac{8}{9}+\frac{9}{10}$：

```
#include<stdio.h>
#include<stdlib.h>
int main()
{
    int n;
```

```
    double s;
    s = 1.0;
    for(n = 2;n <= 10;n++)
        s = s + (n - 1)/n;
    printf("%lf\n",s);
    system("pause");
    return 0;
}
```

该程序的输出结果是错误的,导致错误结果的语句是( )。

A. s=1.0;

B. for(n=2；n<=10；n++)

C. s=s+(n-1)/n

D. printf("%lf\n",s);

答案：C

18. 有以下程序,程序运行后的输出结果是( )。

```
#include<stdio.h>
#include<stdlib.h>
int main()
{   int x = 1,y = 0;
    if(!x) y++;
    else if(x == 0)
    if(x) y += 2;
    else y += 3;
    printf("%d\n",y);
    system("pause");
    return 0;
}
```

A. 3　　　　　　　B. 2　　　　　　　C. 0　　　　　　　D. 1

答案：C

19. 有以下程序,程序运行后的输出结果是( )。

```
#include<stdio.h>
#include<stdlib.h>
int f(int x,int y)
{return((y-x)*x);}
int main()
{
    int a = 3,b = 4,c = 5,d;
    d = f(f(a,b),f(a,c));
    printf("%d\n",d);
    system("pause");
    return 0;
}
```

A. 10　　　　　　B. 8　　　　　　　C. 7　　　　　　　D. 9

答案：D

20. 有以下程序,程序运行后的输出结果是(　　)。

```c
#include<stdio.h>
#include<stdlib.h>
int f()
{   static int x=1;
    x+=1;
    return x;
}
int main()
{
    int i,s=1;
    for(i=1;i<=5;i++) s+=fun();
    printf("%d\n",s);
    system("pause");
    return 0;
}
```

  A. 21　　　　　　B. 6　　　　　　C. 120　　　　　　D. 11

答案:A

21. 有以下程序,程序运行后的输出结果是(　　)。

```c
#include<stdio.h>
#include<stdlib.h>
int fun(int x,int y)
{
    if(x!=y)
        return((x+y)/2);
    else
        return(x);
}
int main()
{
    int a=4,b=5,c=6;
    printf("%d\n",fun(2*a,fun(b,c)));
    system("pause");
    return 0;
}
```

  A. 12　　　　　　B. 6　　　　　　C. 6.5　　　　　　D. 8

答案:B

22. 下列叙述中正确的是(　　)。

  A. C语言规定必须用main作为主函数名,程序将从此函数开始执行,到此函数结束

  B. main可作为用户标识符,用以命名任意一个函数作为主函数

  C. 可以在程序中由用户指定任意一个函数作为主函数,程序将从此开始执行

  D. C语言程序将从源程序中第一个函数开始执行

答案:A

23. 在函数调用过程中,如果函数 funA() 调用了函数 funB(),函数 funB() 又调用了函数 funA(),则(　　)。

　　A. 称为函数的循环调用

　　B. C 语言中不允许这样的递归调用

　　C. 称为函数的间接递归调用

　　D. 称为函数的直接递归调用

　　答案:C

24. 若有代数式 $\sqrt{|n^x+e^x|}$（其中,e 仅代表自然对数的底数,不是变量）,则以下能够正确表示该代数式的 C 语言表达式是(　　)。

　　A. sqrt(fabs(pow(n,x)+exp(x)))

　　B. sqrt(fabs(pow(n,x)+pow(x,e)))

　　C. sqrt(fabs(pow(x,n)+exp(x)))

　　D. sqrt(abs(n^x+e^x))

　　答案:A

25. 以下数组声明合法的是(　　)。

　　A. int x[10];　　　　　　　　　　B. int x(10);

　　C. int n,x[n];　　　　　　　　　　D. int x[10]

　　答案:A

26. 若对两个数组 a 和 b 进行初始化:

```
char a[] = "ABCDEF";
char b[] = {'A', 'B', 'C', 'D', 'E', 'F'};
```

则下列叙述正确的是(　　)。

　　A. a 与 b 数组都存放字符串

　　B. 数组 a 比数组 b 长度长

　　C. a 与 b 数组完全相同

　　D. a 与 b 数组长度相同

　　答案:B

27. 若有定义:

```
int a[] = { 1,2,3};
```

则下列表达式中正确的是(　　)。

　　A. a[a[0]=2] = 2;

　　B. a = &a[0];

　　C. &a[0] = a;

　　D. *(a[0]+1)=1;

　　答案:A

28. 已知下列程序段:

```
char a[3], b[] = "Hello";
a = b;
```

```
printf("%s", a);
```
则（   ）。

A. 运行后将输出 Hello

B. 运行后将输出 He

C. 运行后将输出 Hel

D. 编译出错

答案：D

29. 若要对 a 进行自增运算，则 a 应具有下面的说明（   ）。

A. int b[10]，*a=b;

B. char(*a)[3]

C. int a[3][2];

D. char *a[ ]={"12","ab"};

答案：A

30. 设有程序段 char s[ ]="china";char *p;p=s;则下面叙述正确的是（   ）。

A. *p 与 s[0] 相等

B. 数组 s 中的内容和指针变量 p 中的内容相等

C. s 数组长度和 p 所指向的字符串长度相等

D. s 和 p 完全相同

答案：A

31. 若有说明"int *p1,*p2,m=5,n;"，以下均是正确赋值语句的选项是（   ）。

A. p1=&m; p2=p1;

B. p1=&m; *p1=*p2;

C. p1=&m; p2=&n; *p1=*p2;

D. p1=&m; p2=&p1;

答案：A

32. 若有定义"int(*p)[4];"，则标识符 p（   ）。

A. 是一个指针数组名

B. 定义不合法

C. 是一个指向整型变量的指针

D. 是一个指针，它指向一个含有四个整型元素的一维数组

答案：D

33. 下面程序段的运行结果是（   ）。

```
char a[ ]="language", *p;
p=a;
while(*p!='u') { printf("%c", *p-32); p++; }
```

A. language   B. langUAGE

C. LANGUAGE   D. LANG

答案：D

34. 在"文件包含"预处理命令形式中,当♯include 后面的文件名用""(双引号)括起来时,寻找被包含文件的方式是(   )。

　　A. 仅搜索源程序所在目录

　　B. 直接按系统设定的标准方式搜索目录

　　C. 先在源程序所在目录中搜索,再按系统设定的标准方式搜索

　　D. 仅搜索当前目录

答案：C

35. 若有定义：

　　♯define N 2
　　♯define Y(n)((N+1)*n)

则执行语句 z=2*(N+Y(5));后,z 的值为(   )。

　　A. 无确定值　　　　　　　　　　B. 语句有错误
　　C. 34　　　　　　　　　　　　　 D. 70

答案：C

36. 以下对结构体类型变量的定义中不正确的是(   )。

　　A. struct
　　　　{
　　　　　　int num;
　　　　　　float age;
　　　　} student;
　　　　struct student std1;

　　B. struct
　　　　{
　　　　　　int num;
　　　　　　float age;
　　　　} std1;

　　C. struct student
　　　　{
　　　　　　int num;
　　　　　　float age;
　　　　}std1;

　　D. ♯define STUDENT struct student
　　　　STUDENT
　　　　{
　　　　　　int num;
　　　　　　float age;
　　　　} std1;

答案：A

37. 当定义一个结构体变量时,系统分配给它的内存是(   )。

　　A. 结构体中最后一个成员所需内存量

　　B. 成员中占内存量最大的容量

　　C. 结构体中第一个成员所需内存量

　　D. 各成员所需内存量的总和

答案：D

38. 如下程序执行的结果是(   )。

```
♯include<stdio.h>
struct SS
{
   int a,b;
}data[2]={10,100,20,200};
int main()
{
```

```
        struct SS p = data[1];
        printf("%d\n",++(p.a));
        return 0;
    }
```

    A. 10   B. 11   C. 20   D. 21

答案：D

39. 若执行 fopen() 函数时发生错误，则函数的返回值是(　　)。

    A. EOF   B. 1   C. 地址值   D. 0

答案：D

40. 能作为输入文件名字符串常量的是(　　)。

    A. c:user\text.txt

    B. c:\user\text.txt

    C. "c:\\user\\text.txt"

    D. "c:\user\text.txt"

答案：C

二、程序设计题

1. 函数 fun() 是根据输入 n 和 x，求下面分母为 n 以内的素数构成的数列的和。

$$s = \frac{x}{2} + \frac{x^2}{3} + \frac{x^3}{5} + \frac{x^4}{7} + \frac{x^5}{11} + \cdots$$

输入 10 和 0.5，输出结果为 0.367262。要求在 fun() 函数的注释语句之间编写程序，其他部分不得增删语句。

```
#include<stdio.h>
#include<stdlib.h>
double fun(int n,double x)
{
/**************Begin************/


/**************End**************/
}
int main()
{
    int n;
    double s,x;
    FILE *in,*out;
    printf("输入 n 和 x:");
    scanf("%d %lf",&n,&x);
    s = fun(n,x);
    printf("%lf\n",s);
    /*****************/
    in = fopen("in.dat","r");
    out = fopen("out.dat","w");
    while(!feof(in))
    {
```

```
        fscanf(in,"%d %lf",&n,&x);
        fprintf(out,"%lf\n",fun(n,x));
    }
    system("pause");
    return 0;
}
```

参考答案：

```
int i,j;
double s = 0,t = 1;
for(i = 2;i <= n;i++)
{
    for(j = 2;j < i;j++)
        if(i%j == 0)
            break;
    if(j >= i)
    {
        t = t * x;
        s = s + t/i;
    }
}
return s;
```

2. 设一个班级有 N 个人，学生信息包括姓名、学号、数学、计算机、英语。函数 fun() 的功能是求三门课的总分，并将总分与总分最大值相等的同学的等级设置为优秀、总分与总分最小值相等的同学的等级设置为不及格、其余同学的等级设置为合格。注意：只能在 fun() 函数的注释行之间编写若干条语句，不要改动 main() 函数，不得更改程序的结构。

```
#include <stdio.h>
#include <string.h>
#include <stdlib.h>
#define N 5
typedef struct student
{
    char name[10];
    int num;
    int maths;
    int computer;
    int english;
    int sum;
    char level[10];
} STU;
void fun(STU a[],int n)
{
/ ************** Begin ************* /


/ ************** End ************* /
}
int main()
```

```c
{
    FILE * in, * out;
    STU s[6 * N] = {{"A001",1,34,67,80},{"B003",3,78,87,90},{"A002",2,90,98,99},{"B002",4,
56,78,98},{"A005",5,35,67,79}};
    int i,n;
    fun(s,N);
    for(i = 0;i < N;i++)
       printf(" %s %d %d %d %d %s\n",s[i].name,s[i].num,s[i].maths,s[i].computer,
s[i].english,s[i].sum,s[i].level);
    /**********************************************/
    in = fopen("in75.dat","r");
    out = fopen("out75.dat","w");
    i = 0;
     while(!feof(in))
    {
    fscanf(in," %s %d %d %d %d\n",s[i].name,&s[i].num,&s[i].maths,&s[i].computer,&s[i].
english);
         i++;
    }
    n = i;
    fun(s,n);
    for(i = 0;i < n;i++)
       fprintf(out," %s %d %d %d %d %s\n",s[i].name,s[i].num,s[i].maths,s[i].
computer,s[i].english,s[i].sum,s[i].level);
    fclose(in);
    fclose(out);
    /**********************************************/
    system("pause");
    return 0;
}
```

参考答案：

```c
int i,mmax = 0,mmin = 300;
for(i = 0;i < n;i++)
{
    a[i].sum = a[i].maths + a[i].computer + a[i].english;
    if(mmax < a[i].sum)
     mmax = a[i].sum;
    if(mmin > a[i].sum)
     mmin = a[i].sum;
}
for(i = 0;i < n;i++)
{
    if(mmax == a[i].sum)
     strcpy(a[i].level,"优秀");
    else if(mmin == a[i].sum)
     strcpy(a[i].level,"不及格");
    else
     strcpy(a[i].level,"合格");
}
```

三、程序填空题

某专业两个班已经分别对计算机程序设计课程的考试成绩进行了排名,排名后的成绩分别存放在数组 a 和数组 b 中,现要按专业来进行排名,确定整个专业的排名情况。注意:部分源程序给出如下。仅在注释语句下面填入所编写的若干表达式或语句,其他部分不要改动。

```
#include<stdio.h>
#include<stdlib.h>
#define N 8
#define M 6
void merge(int a[],int b[],int c[],int n,int m)
{
    int i=0,j=0,k=0;
/********** FILL **********/
    while(    [1]    )
    {
        if(a[i] < b[j])
            c[k++] = b[j++];
        else
            c[k++] = a[i++];
    }
/********** FILL **********/
    while(    [2]    )
    {
        c[k] = a[i];
        i++;
        k++;
    }
/********** FILL **********/
    while(    [3]    )
    {
        c[k] = b[j];
        j++;
        k++;
    }
}
int main()
{
    int j;
    int a[N] = {98,91,75,64,55,54,43,32};
    int b[M] = {90,84,70,61,23,15};
/********** FILL **********/
    int c[    [4]    ];
    printf("a 数组:\n");
    for(j=0;j<N;j++)
        printf(" %5d",a[j]);
    printf("\n");
    printf("b 数组:\n");
    for(j=0;j<M;j++)
        printf(" %5d",b[j]);
```

```c
        printf("\n");

/ ********** FILL ********** /
    merge(     [5]     );
    printf("合并 a 和 b 后:\n");
    for(j = 0;j < N + M;j++)
        printf(" %5d",c[j]);
    printf("\n");
    system("pause");
    return 0;
}
```

答案:

[1]: i < n && j < m 或 j < m && i < n 或 n > i&&m > j 或 m > j&&n > i 或 i < n&&j < m 或 j < m&&i < n 或 (i < n)&&(j < m) 或 (j < m)&&(i < n) 或 (n > i)&&(m > j) 或 (m > j)&&(n > i)

[2]: i < n 或 n > i

[3]: j < m 或 m > j

[4]: N + M 或 M + N

[5]: a,b,c,N,M 或 merge(a,b,c,N,M);

四、程序改错题

N 个字典序的整数已放在一维数组中,给定下列程序中函数 fun() 的功能是:利用折半查找算法查找整数 m 在数组中的位置。若找到,则返回其下标值;反之,则返回 −1。请改正程序中的错误,使它能得出正确的结果。注意:不得增行或删行,也不得更改程序的结构。

```c
#include<stdio.h>
#include<stdlib.h>
#define  N  10
int fun(int *a,int m)
{ int low = 0,high = N − 1,mid;
/ ********** [1] ********** /
  while(low > high)
  {
      mid = (low + high)/2;
/ ********** [2] ********** /
      if(m > *(a + mid))
          high = mid − 1;
/ ********** [3] ********** /
      else if(m <= *(a + mid))
          low = mid + 1;
      else return(mid);
  }
  return(−1);
}
int main()
{
    int i,a[N] = {−3,4,7,9,13,24,67,89,100,180},k,m;
    printf("a 数组中的数据如下:");
```

```
    for(i = 0;i < N;i++)
        printf(" %d ",a[i]);
    printf("Enter m: ");
    scanf(" %d",&m);
/**********[4]**********/
    k = fun(a[N],m);
    if(k >= 0)
        printf("m = %d,index = %d\n",m,k);
    else
        printf("Not be found!\n");
    system("pause");
    return 0;
}
```

答案：

[1]: <= 或 while(low <= high) 或 while(high >= low)
[2]: < 或 if(m < *(a + mid)) 或 if(*(a + mid) > m) 或 if(m < a[mid]) 或 if(a[mid] > m)
[3]: > 或 else if(m > *(a + mid)) 或 else if(*(a + mid) < m) 或 else if(a[mid] < m) 或 else if(m > a[mid])
[4]: k = fun(a,m); 或 k = fun(a,m)

第 4 部分　　等 级 考 试

等级考试是对非计算机专业学生计算机基础知识和应用能力的综合测试,C 语言作为其他计算机编程语言的基础,是各计算机编程语言中参加考试人数最多的。全国计算机等级考试是由教育部考试中心主办,面向社会,用于考查应试人员计算机应用知识与技能的全国性计算机水平考试体系。每年考试时间一般在 3 月和 9 月,有时也会在 12 月增加一次考试,但各省级承办机构可根据实际情况决定是否举行 12 月的考试,同时各省还根据自身的要求,另外组织了本省的计算机等级考试(如江苏省的计算机等级考试也是在每年的 3 月和 9 月举行)。江苏省的等级考试和全国计算机等级考试在题型方面来讲有所不同,下面分别加以说明。

4.1　C 语言全国计算机等级考试

1. C 语言的编程环境

C 语言的编程环境很多,但全国计算机等级考试用的是 Microsoft Visual C++ 2010 Express 编程环境,该环境在 Windows 操作系统中直接安装就可以使用。

2. 题型

C 语言全国计算机等级考试自 2013 年开始取消了笔试,全部采用计算机考试,题型包含四十道选择题(占 40 分)、一道程序改错题(占 18 分)、一道程序填空题(占 18 分)和一道编程题(占 24 分)。

3. 选择题

C 语言全国计算机等级考试的选择题在正式的考试中只能进入一次(在考试操作时特别要注意),四十道选择题中包含十道计算机基础知识题目(数据结构和算法基础、程序设计基础、软件工程基础、数据库设计基础)和三十道 C 语言知识题目。从 2021 年 3 月开始,要求选择题必须得到 50% 的分数(20 分)。

4. 程序改错题

C 语言全国计算机等级考试的程序改错题一般有三处错误,都是在注释语句"/ ********* found ********* /"的下面语句中,在做题目时不能删除注释语句,也不能添加或删除其他语句,一般有语法错误、表达式表示错误、函数参数引用错误等。一般做改错题时,先编译后找出语法上的错误,然后再修改其他错误,如下题(为了说明错误类型,多设置了两处错误)。

给定程序中,假定输入的字符串中只包含字母和 * 号。函数 fun() 的功能是:将字符串中的前导 * 号全部删除,中间和后面的 * 号不删除。例如,若字符串中的内容为 **** A * BC * DEF * G *******,删除后,字符串中的内容则应当是 A * BC * DEF * G *******。注意：不得增行或删行,也不得更改程序的结构。

试题程序：

```
#include <stdio.h>
#include <stdlib.h>
/************ found ***************/
void   fun(char *a);    /* 函数定义语句后不能加";"号,应改为:void   fun(char *a) */
{
    char *p=a;
    /************ found ***********/
    while(*p!='*')     /* 从字符串头开始遇到第一个非*号字符就停下来,应改为 == */
        p++;
    /************ found ***********/
    for(;*p!='\0';p++)
                      /* 从非*号字符开始,将后面的字符串移到原字符串开始位置,因此应改为 p++,a++ */
        *a=*p;
    /************ found ***********/
    *a="\0";           /* 在新的字符串最后加上结束符标志,应改为'\0' 或 0 */
}
int main()
{
    char s[81];
    printf("Enter a string:\n");
    gets(s);
    /*********** found ************/
    fun(char s[80]);   /* 函数调用时的实参应是数组名,而不是数组定义,因此应改为 fun(s) */
    printf("The string after deleted:\n");
    puts(s);
    system("pause");
    return 0;
}
```

5. 程序填空题

C语言全国计算机等级考试的程序填空题一般有三处空,都是在注释语句"/********* found *********/"的下面语句中,一般用"【序号】"指出来,在做题目时不能删除注释语句,也不能添加或删除其他语句,同时要把"【序号】"和相应的下画线删除,避免产生语法错误。例如：

给定程序中,函数 fun()的功能是建立一个 N×N 的矩阵。矩阵元素的构成规律是：最外层元素的值全部为 1；从外向内第 2 层元素的值全部为 2；第 3 层元素的值全部为 3,……以此类推。例如,若 N=5,生成的矩阵为：

$$\begin{bmatrix} 1 & 1 & 1 & 1 & 1 \\ 1 & 2 & 2 & 2 & 1 \\ 1 & 2 & 3 & 2 & 1 \\ 1 & 2 & 2 & 2 & 1 \\ 1 & 1 & 1 & 1 & 1 \end{bmatrix}$$

请在程序的下画线处填入正确的内容并把下画线删除,使程序得出正确的结果。注意：部分源程序在文件中。注意：不得增行或删行,也不得更改程序的结构！

```c
#include <stdio.h>
#include <stdlib.h>
#define N 7
/********** found **********/
void fun(int *a     [1]    )
                /*参数传递时将实参的值赋给形参,实参和形参是一一对应的,因此应填写[N]*/
{
    int  i,j,k,m;
    if(N%2 == 0)
        m = N/2;
    else
        m = N/2 + 1;
    for(i = 0; i < m; i++)
    {
        /********** found **********/
        for(j =     [2]     ; j < N-i; j++)
            /*a[i][j]和a[N-i-1][j]表示第一行和最后一行数组a[N][N]的值,因此应该填写i*/
            a[i][j] = a[N-i-1][j] = i+1;
        for(k = i+1; k < N-i; k++)
            /********** found **********/
            a[k][i] = a[k][N-i-1] =     [3]    ;
                /*for循环代表的是a[N][N]中每一列的值,因此应填i+1*/
    }
}
int main()
{
    int  x[N][N] = {0},i,j;
    fun(x);
    printf("\nThe result is:\n");
    for(i = 0; i < N; i++)
    {
        for(j = 0; j < N; j++)
            printf("%3d",x[i][j]);
        printf("\n");
    }
    system("pause");
    return 0;
}
```

6. 编程题

C语言全国计算机等级考试的程序设计题目是编写一个完整的函数程序,要求整个程序必须运行正确(即从 in.dat 文件中读出的 10 组数据都要运行正确,才能得分),因此建议在做程序设计题目时,除了用题目给定的测试数据外,建议自己再设置一些测试数据,以保证程序的正确性。一般来说,等级考试的编程题目有数列求和、数字转换与组合、结构体(学生成绩)、字符串处理、数组(向量和矩阵)等几大类;例如:

请编写一个函数,用来删除字符串中的所有空格。例如,输入 asd af aa z67,则输出为 asdafaaz67。注意:部分源程序在文件 PROG1.C 中。请勿改动主函数 main()和其他函数中的任何内容,仅在函数 fun()的花括号中填入你编写的若干语句。

```c
#include <stdio.h>
#include <stdlib.h>
void fun(char *str)
```

```
    {

    }
    int main()
    {
        char str[81];
        int i;
        FILE * out, * in;
        printf("Input a string:\n");
        gets(str);
        puts(str);
        fun(str);
        printf(" *** str: %s\n",str);
        /**************************/
        in = fopen("in.dat","r");
        out = fopen("out.dat","w");
        for(i = 0;i < 10;i++)
        {
            fscanf(in, "%s",str);
            fprintf(out," %s\n",str);
        }
        fclose(in);
        fclose(out);
        /**************************/
        system("pause");
        return 0;
    }
```

参考答案：

```
    void fun(char * str)
    {
        int i = 0;
        char * p = str;
        while( * p)
        {
            if( * p!= ' ')              /* 如果不是空格,则保存 */
                str[i++] = * p;
            p++;
        }
        str[i] = '\0';                  /* 加上结束符 */
    }
```

注：从2021年3月开始,要求选择题得20分以及总评至少60分才能算通过。

4.2 省市自主等级考试

除了全国计算机等级考试外,有的省和直辖市还根据自身的特点,组织了相应的计算机等级考试。本书以江苏省为例说明江苏省C语言计算机等级考试的基本情况。自2015年秋开始,江苏省的C语言计算机等级考试由原来的"笔试+机试"形式改为全部在计算机上完成,考试时间为120分钟,在每年的3月和9月举行。考试分为两大部分:基础知识(计算机信息技术基础和 C 语言程序理论)和操作题(程序填空题、程序改错题、编程题);主要题型有单项选择题、程序阅读题、程序填空题、程序改错题和编程题。

1. 计算机信息技术基础

要求掌握以计算机、多媒体、网络等为核心的信息技术基本知识,能够熟练使用常用软件。这类题目在单项选择题中出现,一般有 10 道题目,共 20 分。

2. C 语言程序设计理论

要求掌握函数的基本组成和作用、数据类型(基本类型和构造类型)、变量和表达式、结构化程序设计的基本语句、指针及其应用、结构体和共用体以及文件的基本操作。这类题目在单项选择题中有 5 题(占 10 分),还有 5 题阅读程序填写结果(占 20 分)。

3. 操作题目

这类题目要求在 C 语言的集成开发环境(Visual C++ 6.0 或 Dev C++)中完成,包括一道程序填空、一道程序改错、一道完整的编程题。

(1) 程序填空题:这道题目占 12 分,一般有 4 个空要填写,主要考察 C 语言的基本知识和理论,如关系表达式、逻辑表达式、赋值表达式、指针运算、函数调用以及基本的算法等。例如:

【要求】 打开 T 盘中的文件 myf0.c,按以下程序功能完善文件中的程序。修改后的源程序仍保存在 T 盘 myf0.c 文件中。

【程序功能】 已知 main()函数内结构数组 p 中前 3 个元素值已按成员 index 升序排列。以下程序先在 p 数组前 3 个元素中插入结构变量 s1 中保存的数据,再输出 p 数组前 4 个元素的值。要求插入 s1 数据后 p 数组前 4 个元素值仍按成员 index 升序排列。

【测试数据与运行结果】

测试数据:p 数组中原始数据为 {5,"wang",},{10,"li",},{15,"zhao"},s1 变量中数据为 {3,"zhang"}

输出:

3 zhang
5 wang
10 li
15 zhao

【待完善的源程序】

```c
#include<stdio.h>
#include<stdlib.h>
typedef struct s
{
    int index;
    char name[10];
}ST;
int insert(ST *p, ST s, int n)
{
    int k,j;
    if(s.index>p[n-1].index)
    {
```

```
            p[n] = s;
            return n + 1;
        }
        for(k = 0;k < n;k++)
            if(_____[1]_____ > s.index)
                break;
        for(j = n; _____[2]_____ ;j--)
            p[j] = p[j - 1];
        _____[3]_____ = s;
        return n + 1;
    }
    int main()
    {
        int n = 3;
        ST p[8] = {{5,"wang",},{10,"li",},{15,"zhao"}},s1 = {3,"zhang"}, * q;
        n = insert( _____[4]_____ );
        for(q = p;q < p + n;q++)
            printf(" % d % s\n",q -> index,q -> name);
        system("pause");
        return 0;
    }
```

参考答案:

[1] p[k].index

[2] j > k

[3] p[k]

[4])p,s1,n

(2) 程序改错题:这道题目占16分,一般有4处错误要修改。主要错误有:头文件引用不正确、函数定义和函数参数错误、函数调用错误、数组的初始化错误、scanf()函数中的地址符号 & 错误、赋值语句和判断语句错误、单引号和双引号的使用错误、字符串的比较错误、字符串的赋值错误、结构体变量中的成员的引用错误等。在做这道题时,首先编译程序,排除语法错误;然后分析题目要求以及相应算法再找出其他错误。例如:

【要求】 打开 T 盘中的文件 myf1.c,按以下程序功能改正文件中程序的错误。可以修改语句中的一部分内容,调整语句次序,增加少量的变量说明或编译预处理命令,但不能增加其他语句,也不能删除整条语句。修改后的源程序仍保存在 T 盘的 myf1.c 中。

【程序功能】 下列程序中函数 wordsearch()的功能是将 a 指向的字符串中所有回文单词复制到 b 指向的二维数组中(一个回文单词存储在 b 数组的一行中),函数返回 b 数组中回文单词的个数。回文单词是指:一个单词自左向右读与自右向左读相同(字母不区分大小写)。例如,Dad 是回文单词。

【测试数据与运行结果】

测试数据:Dad left home at noon.

屏幕输出:found 2 words

　　　　　Dad

　　　　　noon

【含有错误的源程序】

```c
#include <stdio.h>
#include <conio.h>
#include <ctype.h>
#include <stdlib.h>
int wordsearch(char a[],char b[][10])
{
    int i,j,k,m,n,t,c=0,d;
    for(i=0;a[i];i++)
    {
        for(j=i,k=i;isalpha(a[k]);k++);
        m=j;n=k-1;
        while(toupper(a[m])==toupper(a[n])&&m<=n)
        {
            m++;
            n--;
        }
        if(m==n)                          /*修改为 m>n */
        {
            for(d=0,t=j;t<k;t++)
                b[c][d]=a[t];             /*修改为 b[c][d++]=a[t]  */
            b[c][d]='\0';
            c++;
        }
        i=k;
    }
    return c;
}
int main()
{
    char s1="Dad left home at noon.";    /*数组定义不正确,修改为 s1[] */
    char s2[10][10];
    int i,j;
    puts(s1);
    j=wordsearch(s1,s2);
    printf("found %d words\n",j);
    for(i=0;i<j;i++)
      puts(s2);                           /*输出每个回文单词,应修改为 s2[i] */
    system("pause");
    return 0;
}
```

(3) 编程题:本题占 22 分,要求编写一个完整的 C 语言程序,包括一个单独的自定义函数程序及调用该函数的主函数,主函数中还包括文件写操作。下面是编程题的主要结构。

```c
#include <stdio.h>
 #include <stdlib.h>
void fun(…,…)
{
…;
```

```
    …;
}
int main()
{
    int …;
    FILE * fp;
    if((fp = fopen("myf2.out","w")) == NULL)
    {
        printf("cannot open this file.\n");
        exit(0);
    }
    …;
    fprintf(fp,"…", …);
    fprintf(fp,"\nMy exam number is:0608404008\n");
    fclose(fp);
    return 0;
}
```

【要求】 打开 T 盘中的文件 myf2.c,在其中输入所编写的程序,输出结果数据文件取名 myf2.out。数据文件的打开、使用、关闭均用 C 语言标准库中缓冲文件系统的文件操作函数实现。

【程序功能】 生成回形矩阵。

【编程要求】 编写函数 void matrix(int a[][N],int n),功能是生成一个 n 阶方阵,保存到数组 a 中。矩阵元素的构成规律是:最外层元素全为 1;从外向内第 2 层元素的值全为 2;第 3 层元素的值全为 3,……,以此类推。编写 main()函数,声明一个 N 行 N 列的二维数组 x,用 x 作为实参调用函数 matrix(),将数组 x 中的元素按矩阵形式输出到屏幕和 myf2.out 文件中,并将考生本人的准考证号码也输出到 myf2.out 文件中。

【测试数据与运行结果】

n=5 时,输出:

```
1 1 1 1 1
1 2 2 2 1
1 2 3 2 1
1 2 2 2 1
1 1 1 1 1
```

参考程序:

```
#include<stdio.h>
#define N 100
void matrix(int a[][N],int n)
{
    int i,j,k,m;
    if(n%2 == 0)
        m = n/2;
    else
        m = n/2 + 1;
    for(i = 0;i < m;i++)
```

```c
        {
            for(j = i;j < n - i;j++)
            {
                a[i][j] = i + 1;
                a[n - i - 1][j] = i + 1;
            }
            for(k = i + 1;k < n - i;k++)
            {
                a[k][i] = i + 1;
                a[k][n - i - 1] = i + 1;
            }
        }
    }
    int main()
    {
        FILE * fp;
        int x[N][N],i,j,n;
        fp = fopen("myf2.out","w");
        scanf(" % d",&n);
        matrix(x,n);
        for(i = 0;i < n;i++)
        {
            for(j = 0;j < n;j++)
            {
                printf(" % 3d",x[i][j]);
                fprintf(fp," % 3d",x[i][j]);
            }
            printf("\n");
            fprintf(fp,"\n");
        }
        fprintf(fp,"\nMy exam number is:0123456789\n");
        fclose(fp);
        return 0;
    }
```

第 5 部分　在线测评系统简介

5.1　Online Judge 系统简介

Online Judge(简称 OJ)系统最初使用于 ACM-ICPC 国际大学生程序设计竞赛和信息学奥林匹克竞赛中的自动判题和竞争排名。现广泛应用于世界各地高校学生程序设计的训练、参赛队员的训练和选拔、各种程序设计竞赛以及数据结构和算法的学习和作业的自动提交判断中。

Online Judge 系统是一个在线的程序"正确性"(在给定的测试数据条件下)的检测系统。用户通过在线提交程序设计语言(如 C、C++以及 Java 等)编写的程序代码,OJ 系统对源程序进行编译和执行,在统一的测试数据下检验源代码的正确性和执行效率。

5.2　系统常见提示信息

用户提交的程序在 Online Judge 系统下执行时将受到比较严格的限制,包括运行时间限制、内存使用限制和安全限制等。用户程序执行的结果将被 Online Judge 系统捕捉并保存,然后再转交给一个裁判程序。该裁判程序或者比较用户程序的输出数据和标准输出样例的差别,或者检验用户程序的输出数据是否满足一定的逻辑条件。最后系统返回给用户一个评判结果,如表 5.1 所示。

表 5.1　Online Judge 系统的评判结果

评 判 结 果	含 义
Accepted	程序的输出完全满足题意,通过了全部测试数据的测试
Wrong Answer	程序顺利地运行完毕并正常退出,但是输出的结果却是错误的
Presentation Error	程序输出的答案是正确的,但输出格式不对,比如多写了一些空格、换行
Compilation Error	程序没有通过编译。可以单击文字上的链接,查看详细的出错信息,对照此信息,可以找出出错原因
Judging	正在运行评测程序进行测试,请稍候
Time Limit Exceeded	程序运行的时间超过了该题规定的最长时间,提交的源程序被 OJ 评测端强行终止
Runtime Error	OJ 系统将返回一个 Runtime Error 的编号,由 SIG 或 FPE 开头,后面跟随一个整数
System Error	OJ 系统自身发生了错误。由于异常因素导致系统没有正常运作

需要注意的是：

（1）若无特殊说明，源程序须要使用标准输入/输出方式。

（2）若是 Java 代码，须使用 Main 作为主类名；对于 C/C++代码必须使用 int main()，并且在 main()函数中添加 return 0；语句。

（3）如果使用 C/C++中的 64 位整数类型，则需要用 long long 进行类型声明，可以使用 %lld 格式或者 cin/cout 实现 64 位整数数据的输入/输出。

5.3 系统使用方法简介

OJ 评测系统有三个基本过程，分别是阅读题目、本地调试和提交代码。OJ 系统中的很多题目需要仔细品味，方能理解计算的需求。一般情况下，题目的表述由三个部分构成：题目的描述信息、输入/输出要求和样例。仔细理解题目的要求，才便于寻找计算的方法。当然，找到了所谓的"算法"，是否合适，是否能够检测、正确地得到结果，就需要通过 OJ 系统中使用的测试数据。一般情形下，样例数据比测试数据简单很多，因此，仅通过了样例数据，并不意味着提交的计算代码就是正确的。这一点对初学者来说甚为重要。所以，不断修正代码直至 OJ 评测系统给出判别成功的信息，才能得出在题目限定的范围内，提交的解决方法是能够通过测试的，否则需要不断完善和修改。

5.4 提交代码中的基本问题

在线评测系统中，几乎每道题都有若干组评测数据用以检测程序计算的正确性。这与平时的语言学习过程稍有些不同。只有将测试数据全部通过正确性验证后，评测系统才给出评测结果。系统的结果提示信息的含义在上文中已经给出了详细解释。为了进一步介绍 OJ 系统的使用方法，下面通过一些简单的例题给出说明。

例 1：计算数据的和。

题目描述：输入一组正整数，计算它们的和。

输入：一组正整数，每个整数用空格隔开。

输出：一个正整数，表示输入数据的累计和。

输入样例：100 9 8 7 6 5 4 3 2 1

输出样例：145

时间限制：1000ms

存储限制：64KB

分析：从上面例题可以看出这是一个简单的计算问题。计算的对象是一组正整数，但关键的问题是并不知道这组数据的个数，题目中还限制了存储的用量，从而无法确定存储的具体大小，该如何处理这样的问题呢？

这类问题在 OJ 系统中很常见，学会处理类似的不确定输入的问题，对 OJ 系统的使用是很关键的。为此，我们回顾 C 语言中的基本输入函数 scanf()的原型：

```
int scanf(char *format[,argument,…]);
```

一般情况下，使用 scanf() 函数时主要关注参数的使用方法。而此处重点关注函数的返回值，其返回的整数含义表示从标准输入设备中成功读取格式控制符中指定的数据的个数。当遇到数据流结束符时，返回 EOF，也就是-1 的值。问题是如何才能读到输入流结束符呢？当标准的输入设备是文件时，可以很容易地将数据流结束符号理解为文件的结束符，可是输入设备是键盘时，该如何表示这个输入流的结束符号呢？这个问题操作系统一般都预先给出了定义，通过特殊的输入符号表示，即 Ctrl+Z，在命令行窗口中显示的形式为^Z。

现在，可以利用 scanf() 函数读入数据流中的结束标识符号来确定输入数据的个数，从而就具备了解决例 1 中不确定个数的数据求和问题的所有办法。为此，我们给出计算的过程：

```
#include <stdio.h>
int main()
{
    int a;
    long sum = 0;
    while(scanf("%d",&a)!= EOF)            //当读入输入流结束符号时,停止
    {
        sum += a;
    }
    printf("%ld\n", sum);
    return 0;
}
```

运行的结果如图 5.1 所示。

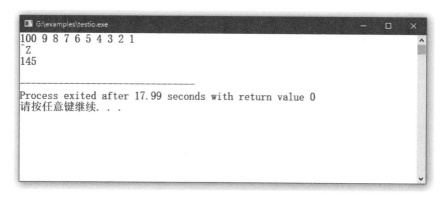

图 5.1 例 1 的运行结果

在例 1 中，针对不确定输入数据个数的问题，合理利用语言中提供的输入/输出结构基本就能给出合适的解法。

注意事项：

（1）在 OJ 系统中，虽然题目中要求了数据的限制条件，但在实现计算时，程序中并没有给出限制条件的判断，这是因为题目中的每个测试数据集都是满足题目要求给出的，一般不会出现不满足条件的数据，从而无须在源程序代码中给出数据合法性的判断。

（2）OJ 系统是将用户提交的源程序代码自动编译为可执行的程序，并运行生成的可执行程序。程序运行过程中，并没有交互的形式，所以，在提交的源代码中不能出现任何交互

的附加信息，例如：

```
printf("Input some integer:\n");
```

或者：

```
getchar();
```

否则系统会判程序错误（具体的错误信息见表 5.1）。

5.5 本地调试技巧

OJ 系统虽然是在线评测系统，服务器端提供编译器，甚至还会给出编译器的相关提示信息，但是，逼近 OJ 环境的主要功能是在一个统一的尺度下评测源程序的优劣（主要是运行时间和存储空间方面的评价），特别是在竞赛环境中，每次错误的提交都会影响最终的排名。所以，在本地环境中编译调试程序就显得极为重要。在此，仅通过例题介绍 OJ 系统中如何利用测试数据测试程序的正确性，而忽略编译环境中提供调试功能。

例 2：计算两个字符串中最大公共字串的长度。

问题描述：输入两个长度不超过 255 个符号的字符串（区分大小写），寻找这两个字符中最长的公共字串的长度。

输入：第一行一个整数 n，表示有 n 组字符串，其中 n＜1000。接下来的 2n 行数据每行一个字符串，每组测试数据两行字符串，符号串长度不超过 255。

输出：每行一个整数，表示两个字符串最大公共字串的长度。

输入样例：

```
3
abcd
acde
abcdek
abckke
aaaaaaaaabbbbbbcddddkkeee
aaabbbbbbbcdd
```

输出样例：

```
2
3
10
```

针对类似这样的问题，系统中测试数据可能会有很多组，每个字符串不超过 255 个符号，自己组织测试数据提高程序的调试效率，也需要足够的技巧。为此，给出如下程序。

```c
#include <stdio.h>
#include <string.h>
#define N 256
int f(const char * s1, const char * s2)
{
    int a[N][N] = {0};
```

```
   int len1 = strlen(s1);
   int len2 = strlen(s2);
   int max = 0;
   for(int i = 1; i <= len1; i++)
   {
      for(int j = 1; j <= len2; j++)
      {
         if(s1[i - 1] == s2[j - 1])
         {
            a[i][j] = a[i - 1][j - 1] + 1;
            if(a[i][j] > max)
               max = a[i][j];
         }
      }
   }
   return max;
}
int main()
{
   char s1[N], s2[N];
   int n;
   scanf("%d", &n);
   for(int i = 0; i < n; i++)
   {
      scanf("%s%s", s1, s2);
      printf("%d\n", f(s1, s2));
   }
   return 0;
}
```

运行结果如图 5.2 所示。

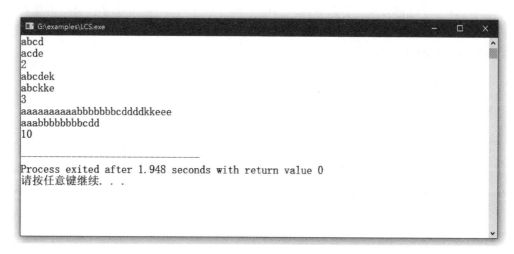

图 5.2　例 2 的运行结果

仔细观察结果会发现,输出的结果好像跟样例中的格式不一致。如何保持一致呢？从例 1 中发现,输入流既可以是键盘,也可以是文件,若采用文件形式,再来比较一下。首先,将输入数据编辑成文本文件,如本例中用 data.in 表示,接着找到生成的可执行文件,再利用 Windows 系统提供的命令行窗口使用系统命令运行程序。若生成的文件名为 LCS.exe,则在命令行输出如图 5.3 所示的命令。

图 5.3 例 2 命令行运行方式及结果

命令行:

LCS   < data.in

表示的含义为:运行程序 LCS.exe。其中,符号"<"表示重定向,即将标准输入设备——键盘上输入数据的形式重定向为从 LCS.exe 文件同文件夹下的 data.in 文件中获取,输出的结果显示在屏幕上。

此时,观察运行结果,与题目给出的样例输出形式一致。这样也便于检查程序是否满足样例要求。

当然,命令行运行方式也有局限性。当输出内容很多时,会超出命令行窗口的缓冲区,从而使得内容显示不完整。为了突破这种局限性,也可以将输出的结果通过类似的重定向方式,将输出结果存入文件中。其命令行为:

LCS   < data.in > data.out

对于程序 LCS.exe,如同符号"<"表示输入数据的来源,符号">"则表示将程序的运行结果重定向到文件 data.out 中。结果就不再显示于屏幕上,而是存入相应的文件中。

从调试程序的角度来看,上述重定向的方法难免在编译的 IDE 环境和命令行窗口间不断切换。为此,可以采用语言系统中的函数实现输入/输出设备的重定向功能(当然,需要语言自身的支持,不是所有语言都提供)。例如,在 C 语言中可以借助文件重定向函数 freopen()实现,函数的原型为:

FILE * freopen(const char * filename, const char * mode, FILE * stream);

其中,形参含义分别如下。

filename:需要重定向到的文件名或文件路径。

mode:代表文件访问权限的字符串。例如,"r"表示"只读访问","w"表示"只写访问",

"a"表示"追加写入"。

stream：需要被重定向的文件流。

返回值：如果成功，则返回该指向该输出流的文件指针，否则返回 NULL。

程序稍加改动，即可实现更为一般的基于文件输入/输出的调试方式。

```c
#include <stdio.h>
#include <string.h>
#define N 256
int f(const char *s1, const char *s2)
{
    int a[N][N] = {0};
    int len1 = strlen(s1);
    int len2 = strlen(s2);
    int max = 0;
    for(int i = 1; i <= len1; i++)
    {
        for(int j = 1; j <= len2; j++)
        {
            if(s1[i - 1] == s2[j - 1])
            {
                a[i][j] = a[i - 1][j - 1] + 1;
                if(a[i][j] > max)
                    max = a[i][j];
            }
        }
    }
    return max;
}
int main()
{
    freopen("data.in","r",stdin);       //文件 data.in 重定向为输入设备
    freopen("data.out","w",stdout);     //文件 data.out 重定向为输出设备
    char s1[N], s2[N];
    int n;
    scanf("%d", &n);
    for(int i = 0; i < n; i++)
    {
        scanf("%s%s", s1, s2);
        printf("%d\n", f(s1, s2));
    }
    return 0;
}
```

特别需要提醒的是，当提交程序到 OJ 系统中时，一定要去除重定向函数的语句，否则系统会判错。

例 3：矩阵输出。

问题描述：输入一个正整数，表示矩阵阶数，构造回形方阵并输出。

输入：多组输入，输入一正整数 n(n≤500)，占一行，表示矩阵的阶数。

输出：对应于输入的每个正整数 n，输出对应的回形矩阵，矩阵的元素之间用一个空格分开。

输入样例：

4
5

输出样例：

2 2 2 2
2 1 1 2
2 1 1 2
2 2 2 2
3 3 3 3 3
3 2 2 2 3
3 2 1 2 3
3 2 2 2 3
3 3 3 3 3

OJ 系统中对于矩阵的输出，一般要求元素之间用一个空格分开，第一列元素前面不能有空格，最后一列元素的后面不能有空格，这就要求最后一列要单独输出。参考程序如下：

```c
#include<stdio.h>
#define N 500
int a[N][N]={0};
int main()
{
    int i,j,n;
    while(scanf("%d",&n)!=EOF)
    {
        for(i=1;i<=n;i++)
          for(j=1;j<=n;j++)
          {
            if(i+j<=n+1&&i<=j)
              a[i][j]=(n+1)/2-i+1;
            if(i+j<n+1&&i>j)
              a[i][j]=(n+1)/2-j+1;
            if(i+j>=n+1&&i>=j)
              a[i][j]=i-n/2;
            if(i+j>n+1&&i<j)
              a[i][j]=j-n/2;
          }
        for(i=1;i<=n;i++)
        {
            for(j=1;j<n;j++)
              printf("%d ",a[i][j]);
            printf("%d\n",a[i][j]);        /*每行的最后一列单独输出*/
        }
    }
    return 0;
}
```

5.6 国内外典型系统介绍

1. 北京大学 POJ（http://poj.org/）

这是国内最受欢迎 OJ 之一，题目众多，如图 5.4 所示。

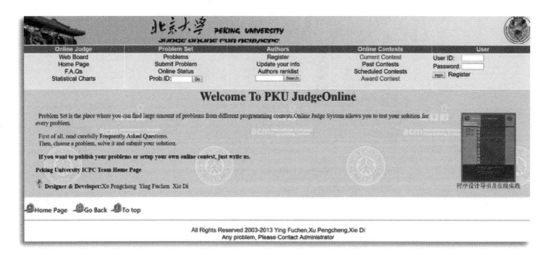

图 5.4　POJ 登录界面

2. 杭州电子科技大学 HDUOJ（https://acm.hdu.edu.cn/）

国内最受欢迎 OJ 之一，如图 5.5 所示。

图 5.5　HDUOJ 登录界面

3. UVAOJ(https://uva.onlinejudge.org/)

全球最大最老牌的 OJ 之一,题目数量堪称之最,如图 5.6 所示。

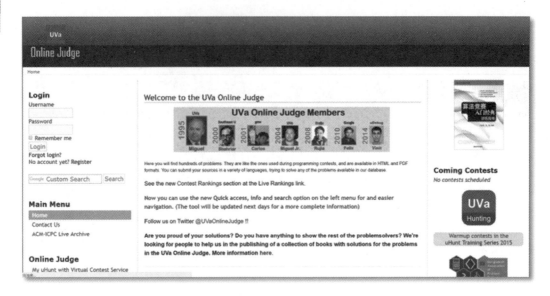

图 5.6　UVAOJ 登录界面

4. codeVS(https://www.codevs.cn/)

当今最大中文 OJ 之一,天梯功能设计很有特色,如图 5.7 所示。

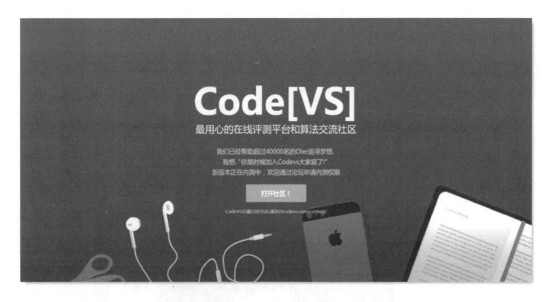

图 5.7　codeVS 登录界面

5. 浙江大学 ZOJ(http://acm.zju.edu.cn/home/)

ZOJ 登录界面如图 5.8 所示。

图 5.8　ZOJ 登录界面

6. 华中科技大学 OJ（https：//vjudge.net/group/hustacm）

国内率先开源的 OJ 系统，其中 VOJ 非常有特色，如图 5.9 所示。

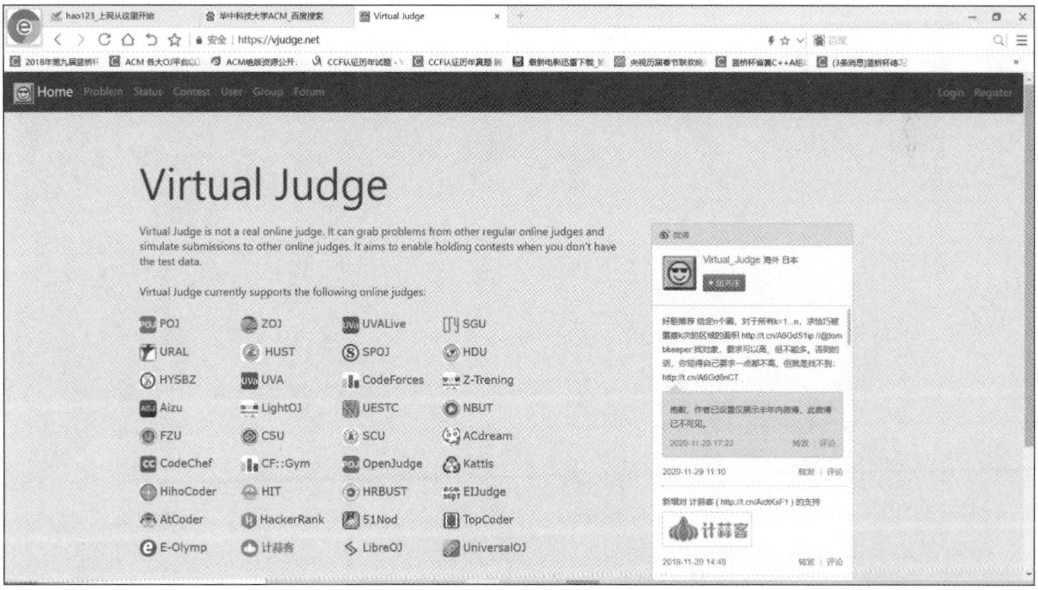

图 5.9　HUSTOJ 登录界面

7. 上海交大 OJ（https：//acm.sjtu.edu.cn/OnlineJudge/）

SJTOJ 登录界面如图 5.10 所示。

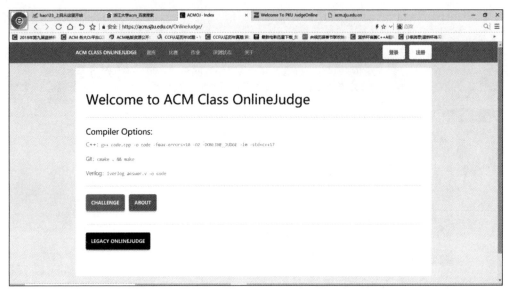

图 5.10 SJTOJ 登录界面

参 考 文 献

[1] 李含光,郑关胜.C语言程序设计教程[M].3版.北京:清华大学出版社,2021.
[2] 百度文库.2015江苏省计算机等级考试C语言部分.https://wenku.baidu.com/view/ddd8ca4d32687e21af45b307e87101f69e31fbf0.html.
[3] 姜恒远.C语言程序设计教程学习指导[M].北京:高等教育出版社,2010.
[4] 江苏省高等学校计算机等级考试委员会.江苏省高等学校计算机等级考试试卷汇编(二级).北京:高等教育出版社,2019.
[5] 策未来.全国计算机等级考试上机考试题库——二级C语言[M].北京:人民邮电出版社,2021.
[6] 苏小红,等.C语言程序设计学习指导[M].4版.北京:高等教育出版社,2019.
[7] 滕国文,李昊.ACM-ICPC基本算法[M].北京:清华大学出版社,2018.
[8] 俞勇.ACM国际大学生程序设计竞赛——知识入门[M].北京:清华大学出版社,2012.
[9] 张新华.算法竞赛宝典——语言及算法入门(第一部)[M].北京:清华大学出版社,2016.
[10] 明日科技.C语言常用算法分析[M].北京:清华大学出版社,2012.
[11] https://blog.csdn.net/Toufahaizai/article/details/102312371?utm_medium=distribute.pc_relevant_download.none-task-blog-baidujs-1.nonecase&depth_1-utm_source=distribute.pc_relevant_download.none-task-blog-baidujs-1.nonecase.

图书资源支持

感谢您一直以来对清华版图书的支持和爱护。为了配合本书的使用,本书提供配套的资源,有需求的读者请扫描下方的"书圈"微信公众号二维码,在图书专区下载,也可以拨打电话或发送电子邮件咨询。

如果您在使用本书的过程中遇到了什么问题,或者有相关图书出版计划,也请您发邮件告诉我们,以便我们更好地为您服务。

我们的联系方式:

地　　址:北京市海淀区双清路学研大厦 A 座 714

邮　　编:100084

电　　话:010-83470236　010-83470237

客服邮箱:2301891038@qq.com

QQ:2301891038（请写明您的单位和姓名）

资源下载:关注公众号"书圈"下载配套资源。

书　圈

获取最新书目

观看课程直播